KB162541

여행은

꿈꾸는 순간,

시작된다

리얼 시리즈가 제안하는

안전여행 가이드

안전여행 기본 준비물

☐ 마스크

일본은 실내 마스크 착용을 권고
한다. 의무는 아니지만 대부분 마
스크를 착용한다.

☐ 손 소독제

소독제나 알코올 스왑, 소독 스프
레이 등을 챙겨서 자주 사용한다.

☐ 여행자 보험

코로나19 확진 시 격리 및 치료에
들어가는 비용이 보장되는 여행자
보험에 가입한다.

☐ 휴대용 체온계

발열 상황에 대비해 작은 크기의
체온계를 챙긴다. 아이와 함께 여
행한다면 필수로 준비하자.

☐ 자가 진단 키트

발열과 기침, 오한 등 코로나19로
의심되는 증상이 나타날 때 감염
확인을 위해 필요하다. 여행 기간
과 인원을 고려해 준비한다.

☐ 재택 치료 대비 상비약

코로나19 확진 시 증상에 따라 필
요한 약을 준비한다. 해열진통제,
기침 감기약, 지사제 등을 상비약
으로 챙긴다.

여행 속 거리두기 기본 수칙

☐

활동 전후
30초 이상 손씻기

☐

타인과 안전 거리
유지하기

☐

손 소독제
적극 사용하기

☐

밀집 지역은
특히 주의하기

여행 일정

- [ ] 여행지에 따른 방역 지침 준수하기
- [ ] 여행지 주변 의료 시설 확인하기
- [ ] 자가격리 기준 및 출입국 방법 사전에 조사하기

여행지

- [ ] 여행지에 따른 방역 수칙 준수하기
- [ ] 환기가 잘 되는 여행지 위주로 방문하기
- [ ] 실내에서는 마스크 착용하기
- [ ] 오픈 시간 및 휴무일은 자주 변동되므로 방문 전 확인하기

식당·카페

- [ ] 사람이 많으면 포장 주문도 고려하기
- [ ] 매장 내에서 취식한다면 손 소독 및 거리두기 준수하기

렌트 차량

- [ ] 손잡이 소독하기
- [ ] 주기적으로 환기시키기

대중교통

- [ ] 탑승객과 일정 거리 유지하기
- [ ] 공용 휴게 공간 조심하기
- [ ] 좌석 외 불필요한 이동 자제하기
- [ ] 내부에서 음식 섭취 자제하기

출입국

- [ ] 백신 접종 증명서 준비하기
- [ ] 공항과 기내에서 방역 수칙 준수하기
- [ ] 한국 입국 전 큐코드 사전 등록하기

숙박

- [ ] 예약 숙소의 방역 및 소독 진행 여부 확인하기
- [ ] 앱이나 유선으로 비대면 체크인 활용하기
- [ ] 개인 세면도구 적극 사용하기
- [ ] 객실 창문을 열어 자주 환기하기

박물관·미술관

- [ ] 시간대별 인원 제한 여부 확인하기
- [ ] 홈페이지 또는 인터넷 예매 활용하기

방역 지침 확인 및 긴급 상황 대처

- [ ] 여행 중 건강 상태를 수시로 확인하고 필요하면 검진받기
- [ ] 빠르게 바뀌는 현지 방역 대책은 관광청 등의 홈페이지에서 확인하기
  일본정부관광국 www.japan.travel/ko/kr
- [ ] 긴급 상황이 발생하면 현지 재외공관에 연락하기
  주일본 대한민국 대사관
  overseas.mofa.go.kr/jp-ko/index.do

  주 나고야 총영사관
  📍 愛知県名古屋市中村区名駅南1-19-12
  📞 (052)586-9221 🕐 월~금 08:45~12:00, 13:00~17:30

  주 히로시마 총영사관
  📍 広島県広島市南区翠5丁目9-17 📞 (082)505-2100~1
  🕐 월~금 08:45~12:00, 13:00~17:30

  주 시모노세키 명예총영사관
  📍 山口県下関市東大和町2-13-10 📞 (083)266-8426
  🕐 월~금 08:45~12:00, 13:00~17:30

출입국 가이드

일본 입국
비자 면제 조치 실행

2022년 10월 11일부터 비자 없이 관광, 친족 방문, 단기 상용 등의 목적으로 최대 90일 간 여행이 가능해졌다. 비지트 재팬 웹사이트에서 출입국 정보를 등록하는 제도를 시행 중이다.

비지트 재팬 웹사이트에 개인 정보 등록하기

출입국 정보, 세관 신고, 코로나19 백신 접종 증명서, PCR 검사 음성 확인서 등록까지 비지트 재팬 웹Visit Japan Web에서 해결할 수 있다. 입국 신고서와 세관 신고서는 기내에서 종이로 작성해도 상관없지만 코로나19 백신 접종과 음성 확인서는 비지트 재팬 웹에 미리 등록해 두면 훨씬 편리하다. 입력한 모든 정보가 정확하고 문제가 없을 시에는 '심사 완료' 글자와 함께 파란색 화면으로 변경된다. 비지트 재팬 웹사이트에 모든 정보를 등록한 사람도 공항에 도착해 입국 심사를 받을 때는 종이 신고서를 작성한 사람과 똑같은 줄에 서서 심사를 받는다(공항 사정에 따라 별도 심사 줄을 마련하는 경우도 있다). 대신 비행기에서 내려 입국 심사 줄까지 가기 전에 코로나19 관련 사항을 확인하는데 비지트 재팬에 미리 등록한 사람은 '심사 완료' 글자가 있는 파란색 화면을 보여주기만 하면 별다른 제재 없이 입국 심사 줄까지 바로 갈 수 있다. 등록을 하지 않은 사람은 백신 접종 증명서 또는 PCR 검사 음성 확인서를 확인받아야 한다.

🏠 비지트 재팬 등록 www.vjw.digital.go.jp
🏠 비지트 재팬 이용 가이드 vjw-lp.digital.go.jp/ko

한국 입국
검역 정보 사전 입력

한국으로 출발하기 전 검역 정보 사진 입력 시스템 '큐코드Q-CODE'에 검역 정보를 미리 입력할 수 있다. 큐코드를 입력하면 한국 입국 시 신속하고 편리한 검역 조사를 받을 수 있다.

🏠 큐코드 cov19ent.kdca.go.kr

일본에 입국할 때 PCR 검사를 받아야 할까요?

2023년 4월 현재, 코로나19 백신을 3차(얀센 접종자의 경우 2차 접종도 인정)까지 맞은 사람은 PCR 검사 없이 일본 입국이 가능하다. 또한 만 18세 미만 미성년자는 동반하는 보호자가 3차 접종까지 완료했을 경우 PCR 검사 음성 확인서 없이 입국 가능하다. 백신을 접종하지 않은 사람은 출국 72시간 이내에 실시한 PCR 검사 음성 확인서가 있어야 한다. 예를 들면, 2023년 5월 5일 오전 9시 비행기를 탄다면 5월 2일 오전 9시 이후에 받은 PCR 검사에서 음성이 나와야 한다.

리얼
일본 소도시

여행 정보 기준

이 책은 2023년 3월까지 수집한 정보를 바탕으로 만들었습니다.
정확한 정보를 싣고자 노력했지만, 여행 가이드북의 특성상
책에서 소개한 정보는 현지 사정에 따라 수시로 변경될 수 있습니다.
변경된 정보는 개정판에 반영해 더욱 실용적인 가이드북을 만들겠습니다.

한빛라이프 여행팀 ask_life@hanbit.co.kr

리얼 일본 소도시

초판 발행 2023년 4월 17일
초판 3쇄 2024년 12월 14일

지은이 정꽃나래, 정꽃보라 / **펴낸이** 김태헌
총괄 임규근 / **팀장** 고현진 / **책임편집** 정은영 / **디자인** 천승훈 / **지도·일러스트** 이예연
영업 문윤식, 신희용, 조유미 / **마케팅** 신우섭, 손희정, 박수미, 송수현 / **제작** 박성우, 김정우 / **전자책** 김선아

펴낸곳 한빛라이프 / **주소** 서울시 서대문구 연희로2길 62 한빛빌딩
전화 02-336-7129 / **팩스** 02-325-6300
등록 2013년 11월 14일 제25100-2017-000059호
ISBN 979-11-90846-03-5 14980, 979-11-85933-52-8 14980(세트)

한빛라이프는 한빛미디어(주)의 실용 브랜드로 우리의 일상을 환히 비추는 책을 펴냅니다.

이 책에 대한 의견이나 오탈자 및 잘못된 내용은 출판사 홈페이지나 아래 이메일로 알려주십시오.
파본은 구매처에서 교환하실 수 있습니다. 책값은 뒤표지에 표시되어 있습니다.

한빛미디어 홈페이지 www.hanbit.co.kr / 이메일 ask_life@hanbit.co.kr
블로그 blog.naver.com/real_guide_ / 인스타그램 @real_guide

지금 하지 않으면 할 수 없는 일이 있습니다.
책으로 펴내고 싶은 아이디어나 원고를 메일(writer@hanbit.co.kr)로 보내주세요.
한빛라이프는 여러분의 소중한 경험과 지식을 기다리고 있습니다.

일본 소도시를 가장 멋지게 여행하는 방법

리얼 일본 소도시

정꽃나래·정꽃보라 지음

Hb 한빛라이프

정꽃나래 일본 조치대학(上智大学)에서 언론학을 공부했다. 대한해협을 건너 시작된 유학 생활에서 도시 탐방에 재미를 붙여 여행에 눈을 떴다. 본래 독서가 취미였으나, 출판 강국인 일본에서 생활하며 책의 매력에 더욱 빠졌다. 결국 책과 여행 두 가지 취미를 즐길 수 있는 일을 하고 싶어 여행작가의 삶을 시작했다.

정꽃보라 일본 메이지대학(明治大学)에서 마케팅을 전공했다. 대학 졸업 후 일본 IT 대기업에 입사해 IT 엔지니어로 4년간 일했다. 퇴사 후 10년간의 일본 생활을 정리하고 쌍둥이 동생 정꽃나래와 함께 2년 반 동안 세계를 일주했다. 이후 다년간의 여행 경험을 살리고자 여행작가의 길로 들어섰다. 오랜 시간 보낸 곳을 완전히 떠나지 못하고 매년 서너 달은 일본에서 지내고 있다.

공동 저서 《프렌즈 후쿠오카》, 《프렌즈 홋카이도》, 《프렌즈 도쿄》, 《런던 여행백서》, 《오사카 교토 여행백서》, 《도쿄 마실》, 《오키나와 셀프트래블》, 《하와이 셀프트래블》 등

진짜 '여행'이라는 것을 만난 곳들

이 책을 집필하기 전까지 '취재 여행'이란 말은 공존할 수 없는 두 단어의 조합이었습니다. '취재를 하면서 여행을 한다'라는 것은 마치 '일을 하면서 쉰다'만큼이나 가능할 리 만무한 일 같았습니다. 가이드북 개정으로 일본을 방문하는 일이 매우 잦은데, 그때마다 '출장'이라고 표현해야 할 정도로 지극히 사무적이고 형식적인 취재의 연속입니다. 새로운 명소를 체크하고 인기 있는 맛집을 들르고 변경 사항을 조사하는 작업은 여운이 결여된 채 진행됩니다. 여행은 이미 계획할 때부터 시작이라고 하잖아요. 그런데 저희는 '여정'이 아닌 '출장 일정'이라고 보는 것이 더 정확합니다. 돌아봐야 할 곳은 많은데 시간은 한정적이니, 최대한 효율적으로 둘러보고자 머리를 굴리는 것이거든요. 군데군데 즐거움과 신선함을 발견하는 찰나의 순간이 다가오기도 하지만, '여행'이라고 표현하기 민망할 정도고요.

일정에 쫓기던 번잡한 빌딩 숲에서 벗어나, 일본의 작은 마을을 거닐면서 비로소 '취재 여행'이 시작되었습니다. 대중교통이 발달한 대도시와는 달리 어디든 기다림이 필요했어요. 그 흔한 운전면허도 없는 뚜벅이기에 하루에 몇 대 없는 버스 시간에 맞춰야 했고, 수 킬로미터를 걷고 또 걸으며 느릿한 속도로 느긋한 취재가 이어졌습니다. 쉼과 여유를 누려가며 도시를 온전히 만끽한 게 얼마 만이던지요! 눈 앞에 펼쳐진 아름다움을 담아내기 바빠서 무거운 카메라조차 짐처럼 느껴지지 않았던 날들…. 사시사철 변하는 풍경을 벗 삼아 홀로 유랑하며 시 한 수 읊고 싶었으나 아쉽게도 그런 재주는 없어 사진으로만 남겨놓아야 했습니다. 낯선 이를 반갑게 맞이하는 사람들의 정겨움에 감동하고 또 와야지 다짐하다가 어느새 다시 가야 할 곳이 열 손가락을 넘어가는 순간 책으로 엮어야겠다고 생각했습니다. 이러려고 여행작가가 되었구나 하고 말이지요. 무엇이 그토록 좋았는지 한 문장으로 표현하기는 어렵지만 술술 적어 내려간 감상들로 대변이 되었을지 모르겠네요. 이 책을 통해 독자 여러분들도 여태까지 알지 못했던 일본의 새로운 면모를 한 가지라도 발견할 거라 확신해요. 한 장 한 장 넘겨 가며 또 다른 일본을 만나길 바랍니다.

정꽃나래, 정꽃보라 드림

P.S 특별히 감사를 표하고 싶은 분들이 계십니다. 책을 제안해 주시고 아름답게 가꾸어 주신 신미경 에디터님, 마지막까지 완벽하게 만들어 주신 정은영 에디터님, 꾸준히 연락 주시며 응원해주신 고현진 팀장님과 김윤화 에디터님 그리고 한빛라이프 분들 진심으로 감사합니다.

리얼 일본 소도시를 소개합니다

- 일본어의 한글 표기는 현지 발음에 최대한 가깝게 표기했습니다. 다만 지명과 고유 명사 중 '교토'와 같이 그 표현이 굳어진 단어는 예외로 두었습니다. 그 외 영어 및 기타 언어의 경우 국립국어원의 외래어 표기법을 따랐습니다.
- 이 책에 수록된 지도는 기본적으로 북쪽이 위를 향하는 정방향으로 되어 있습니다. 정방향이 아닌 경우 별도의 방위 표시가 있습니다.

이 책에서 사용한 주요 기호

🚶 가는 방법	📍 주소	🕐 운영 시간	❌ 휴무일	¥ 요금	📞 전화번호
🏠 홈페이지	🏃 명소	🛍 상점	🍴 맛집	✈ 공항	🚋 전철역
🚌 버스 터미널, 버스 정류장	⛴ 항구, 선착장	ℹ 관광안내소			

모바일로 지도 보기

이 책 마지막에 있는 QR코드를 스마트폰으로 스캔하면 이 책에서 소개한 장소들의 위치가 표시된 구글 지도를 볼 수 있습니다. '지도 앱으로 보기'를 선택하고 구글 맵스 앱으로 연결하면 거리 탐색, 경로 찾기 등을 더욱 편하게 이용할 수 있습니다. 앱을 닫은 후 지도를 다시 보려면 구글 맵스 애플리케이션 하단의 '저장됨'-'지도'로 이동해 원하는 지도명을 선택합니다.

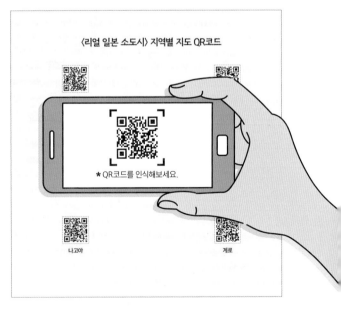

〈리얼 일본 소도시〉 지역별 지도 QR코드

★QR코드를 인식해보세요.

나고야

게로

리얼 일본 소도시 100% 활용법

PART 1
여행지 가볍게 둘러보기

이 책에서 소개한 일본의 18개 소도시를
한눈에 보기 쉽게 정리했습니다. 키워드별
로 모아 보는 볼거리부터 지역마다 개성 뚜
렷한 먹거리와 기념품까지, 소도시별 매력
을 훑어봅니다.

PART 2~5
지역별 여행 살펴보기

이 책에서는 시즈오카를 기점으로 서쪽으
로 이어지는 지역, 그중에서도 추부, 큐슈,
시코쿠, 추고쿠 지방의 소도시를 다루고 있
습니다. 각 도시는 저마다의 매력을 느낄 수
있는 가장 좋은 테마별로 안내하니, 감성
가득 다채로운 여행을 즐겨보세요.

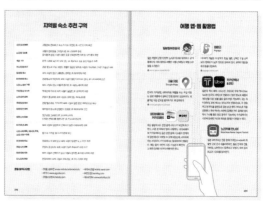

PART 6
가볍게 여행 준비하기

일본 소도시 여행 전 준비할 것들을 안내합
니다. 일본 기본 정보와 여행하기 좋은 시기
를 알아보고, 여권 발급부터 항공권 예매,
숙소 선정 및 예약까지 손쉽게 따라해 보세
요. 현지에서 여행 시 도움이 되는 애플리케
이션 정보와 긴급 상황 발생 시 필요한 연락
처도 함께 담았습니다.

CONTENTS
목차

PART 01

일본 소도시를
가장 멋지게
여행하는 방법

PART 02

가장 다채로운
일본을 만나는 방법
추부 中部

후지산이 보이는 풍경
시즈오카 静岡

제3의 도시에서 즐기는 멋과 맛
나고야 名古屋

개구리 마을에서 즐기는 온천
게로 下呂

CONTENTS
목차

CONTENTS
목차

PART 04

소소하지만 행복하게 여행하는 방법
시코쿠 四国

CONTENTS
목차

PART 05

봄이 오는 바다 마을을 여행하는 방법
추고쿠 中国

PART 06

즐겁고 설레는 여행 준비하기

리얼 일본 소도시

PART
01

일본 소도시를 가장 멋지게

여행하는 방법

일본의 작은 도시로 떠나볼까
일본 소도시 한눈에 보기

이미 알려질 대로 알려진 대도시는 이젠 지겹게 느껴지고,
새로운 즐거움을 찾고 있는 당신.
여기 일본의 무한한 매력이 넘치는 도시들이 있다.

추부

◈ 추부 지역까지 항공 이동
- **인천 ↔ 시즈오카** 1시간 55분
- **인천 ↔ 나고야** 1시간 50분
- **인천 ↔ 카나자와(코마츠)** 1시간 40분(운휴 중)
- **인천 ↔ 토야마** 1시간 40분(임시 운항 중)

카나자와 · 토야마
· 타카야마
· 게로
나고야 · 시즈오카

추부

시즈오카 静岡 ★★☆

일본인의 정신적 지주이자 마음의 고향인 후지산이 위치하는 도시. 길을 걷다 문득 고개를 들면 어디서 든 후지산이 반기고 있다.

🕐 11~2월

나고야 名古屋 ★★★

자동차, 항공우주, 파인 세라믹 등 첨단 산업의 중심 축 역할을 하는 일본 제3의 도시. 독자적인 식문화를 꽃피워 먹거리도 풍성하다.

🕐 사계절 언제나

게로 下呂 ★☆☆

쿠사츠, 아리마와 함께 일본 삼대 온천으로 불리는 온천 마을. 천연 화장품을 바른 것처럼 매끄럽고 부 드러워지는 효과로 피부 미용에 탁월하다고 한다.

🕐 사계절 언제나
(매주 토요일 불꽃 축제가 열리는 1~3월도 추천)

카나자와 金沢 ★★★

옛 정취가 그대로 느껴지는 고전미와 현대적인 감각 이 교차하는 세련된 도시. 전통 명소와 현대 미술로 이름난 곳으로 신구의 조화가 절묘하다.

🕐 1월 상순~2월 하순 겨울, 3월 하순~4월 중순 봄

토야마 富山 ★☆☆

아름다운 자연환경에 둘러싸여 도시 주변에 굵직한 관광지들이 자리하는 곳. 철도 역사를 중심으로 소 박하지만 다양한 볼거리가 모여 있다.

🕐 3월 하순~4월 상순

타카야마 高山 ★★☆

에도시대를 상징하는 문화와 풍경이 고스란히 남아 있어 일본의 옛 분위기를 느낄 수 있는 도시. 아침 시 장, 길거리 음식 등 다채로운 매력이 있다.

🕐 10월 하순~11월 상순

큐슈

◆ 큐슈 지역까지 항공 이동

· **인천** ↔ **키타큐슈** 1시간 40분
· **인천** ↔ **나가사키** 1시간 30분(운휴 중)
· **인천** ↔ **쿠마모토** 1시간 25분
· **인천** ↔ **미야자키** 1시간 40분
· **인천** ↔ **이부스키(카고시마)** 1시간 20분(임시 운항 중)

시모노세키

키타큐슈

나가사키

쿠마모토

미야자키

이부스키

큐슈

키타큐슈 北九州 ★★★

큐슈 지역을 대표하는 도시. 코쿠라 역을 중심으로 번화가가 형성되어 있으며, 레트로한 분위기의 모지코가 유명한 관광지이다.

🕐 사계절 언제나

시모노세키 下関 ★★★

혼슈本州 지역 최서단에 위치한 도시. 바로 옆에 위치한 키타큐슈까지 육로로는 건너갈 수 없지만 1km가 채 되지 않는 해저 터널을 걸어서 넘나들 수 있다.

🕐 사계절 언제나

나가사키 長崎 ★★★

17~19세기 해외 교류의 거점으로 번성했던 도시로 과거의 영광을 엿볼 수 있다. 서양식 건물과 차이나타운이 그 흔적 중 하나이다.

🕐 사계절 언제나

쿠마모토 熊本 ★★☆

나고야성, 오사카성과 함께 일본 삼대 성으로 불리는 쿠마모토성이 있는 곳이자 인지도와 인기 모두 일본 으뜸인 지역 캐릭터 쿠마몬으로 대표되는 도시.

🕐 사계절 언제나

미야자키 宮崎 ★★☆

연중 온난한 기후와 높은 일조량으로 맑고 쾌청한 날씨를 지닌 도시. 자연이 빚어낸 풍경과 인간이 세운 신사, 석상이 어우러져 신비스럽다.

🕐 1~5월, 10~12월

이부스키 指宿 ★☆☆

뜨끈한 모래 속에서 땀을 빼는 독특한 온천 문화를 보유한 곳. 마을로 가는 관광열차를 타면 이동에서부터 설렘을 느낄 수 있다.

🕐 사계절 언제나

시코쿠
추고쿠

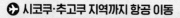
시코쿠·추고쿠 지역까지 항공 이동

- **인천 ↔ 타카마츠** 1시간 30분
- **인천 ↔ 마츠야마** 1시간 30분
- **인천 ↔ 쿠라시키(오카야마)** 1시간 20분
- **인천 ↔ 미야지마(히로시마)** 1시간 20분(운휴 중)
- **인천 ↔ 오노미치(히로시마)** 1시간 20분(운휴 중)

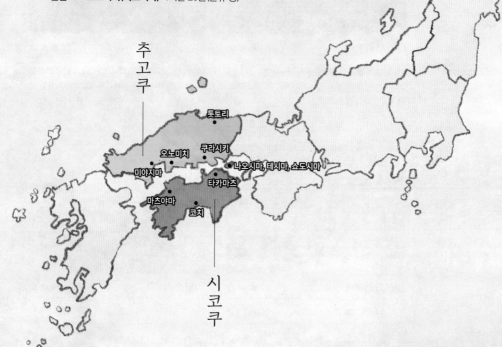

추고쿠

톳토리

오노미치 쿠라시키

미야지마 나오시마, 테시마, 소도시마

마츠야마 타카마츠

코치

시코쿠

타카마츠 高松 ★★☆

'우동' 하나로 모든 것이 설명되는 도시. 우동을 배울 수 있는 학교, 우동 집과 관광 명소에 데려다주는 관광버스가 있을 정도다.

🕐 사계절 언제나

마츠야마 松山 ★☆☆

지브리 만화의 아버지 미야자키 하야오와 일본의 대문호 나츠메 소세키에게 큰 영감을 준 마을. 일본에서 가장 오래된 온천도 있다.

🕐 사계절 언제나

나오시마, 테시마, 쇼도시마 ★★★

섬 전체를 미술관으로 만들어 현대미술의 성지로 탈바꿈했다. 거리에 있는 예술 작품을 감상하며 바다도 만끽 가능한 곳.

🕐 사계절 언제나

쿠라시키 倉敷 ★★★

새하얀 건물들과 잔잔하게 흐르는 강가 그리고 그 위를 유유히 떠다니는 나룻배까지, 마음이 절로 치유되는 그림 같은 풍경이 펼쳐진다.

🕐 3월 하순~4월 상순

미야지마 宮島 ★★☆

풍수적으로 대지의 에너지가 솟구쳐 올라 좋은 기운과 활력을 얻을 수 있는 신성한 장소 '이츠쿠시마'가 있는 곳. 세계적으로 유명한 관광지이다.

🕐 4월 상순~중순

오노미치 尾道 ★☆☆

마을 전체를 조망할 수 있는 산 정상 공원과 길고양이들이 모여 사는 골목길 등 아기자기하고 사랑스러운 매력이 넘치는 작은 마을.

🕐 사계절 언제나

작지만 이것만은 일본 최고!
일본 소도시 지역별 No.1

- **게로** 下呂 일본 삼대 명온천 중 하나
- **나가사키** 長崎 카스텔라 소비량 1위, 일본에서 섬이 가장 많은 지역
- **나고야** 名古屋 가장 먼저 생긴 전자탑 '미라이 타워', 일본에서 가장 큰 플라네타륨
- **타카마츠** 高松(**카가와** 香川**현**) 우동 소비량 1위
- **마츠야마** 松山 일본에서 가장 오래된 '도고 온천'
- **미야자키** 宮崎 오이·토란·금귤 생산량 1위
- **미야지마** 宮島 일본에서 가장 큰 '미야지마 대형 주걱'
- **시모노세키** 下関 복어류 시장 취급량 1위
- **시즈오카** 静岡 녹차 생산량 1위, 일본에서 가장 높은 '후지산'
- **오노미치** 尾道 레몬 생산량 1위

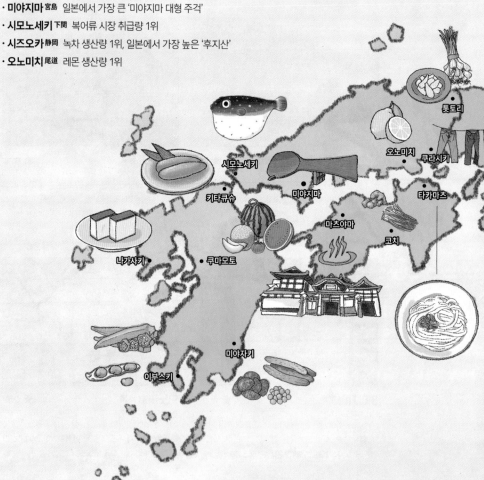

카나자와
• 토야마
• 타카야마
• 게로
• 나고야
• 시즈오카

2,177km²

3,776m

· **이부스키** 指宿　오크라·잠두콩 생산량 1위
· **카나자와** 金沢　아이스크림·카레 소비량 1위
· **코치** 高知　부추·생강 생산량 1위
· **쿠라시키** 倉敷　청바지 생산량 1위, 섬유 공업 출하량 1위
· **쿠마모토** 熊本　수박·멜론·토마토 생산량 1위
· **키타큐슈** 北九州　1인당 명란젓 지출 금액 1위
· **타카야마** 高山　일본에서 가장 면적이 넓은 시(市)
· **토야마** 富山　방어·다시마·크로켓 소비량 1위
· **톳토리** 鳥取　염교 생산량 1위

여기가 어디예요?
사진 맛집 이색 풍경

어떤 각도와 구도로 찍어도 예쁜 사진이 되는 SNS 인기 명소!
올리기만 해도 여기가 어디냐며 질문이 쇄도할 것.
신비하고 비일상적인 풍경을 네모난 프레임 속에 가득 채워보자.

미야지마 宮島 이츠쿠시마 신사 厳島神社 **p.347**
바다 위에 덩그러니 떠 있는 주홍색 신의 문. 바다 위에 높이 16.6m,
총 중량 60톤으로 세워진 일본 최대 규모의 토리이다.

미야자키 宮崎 아오시마 青島 **p.235**

대자연이 새긴 울퉁불퉁 도깨비 빨래판. 700만년 전 지층이 침식되어 생긴 물결 모양의 암석이 빨래판처럼 보여 이름이 붙었다.

기후 岐阜 시라카와고 白川郷 **p.126**
삼각 지붕 초가집이 옹기종기 모여있는 동화 속 풍경. 지붕이 두 손을 모아
합장한 것처럼 보이는 일본의 독자적인 건축 양식이다.

토야마 富山 **눈의 대계곡** 雪の大谷 p.144

계절을 뛰어넘는 초여름의 새하얀 설국 여행. 높이 20m에 육박하는
거대한 눈벽을 4월 중순부터 6월 하순 사이에 만나볼 수 있다.

톳토리 鳥取 **톳토리 사구** 鳥取砂丘 p.368

바람과 파도가 빚어낸 진풍경, 모래 사막. 바람과 강물이 싣고 온
모래가 10만 년 동안 축적되어 광활한 사막을 만들었다.

시즈오카 静岡
니혼다이라 호텔 日本平ホテル p.061
후지산이 눈앞에 펼쳐진다 하여 '풍경 미술
관'으로도 불리는 호텔 테라스. 커피 한 잔
의 휴식을 취하며 심신에 활력을 불어넣자.

쇼도시마 小豆島
엔젤로드 エンジェルロード p.297
하루 두 번 간조 시간에만 살며시 모습을 드러내는 바
닷길. 소중한 사람과 손을 잡고 건너면 소원이 이루어진
다고 한다.

미야자키 宮崎
선멧세니치난 サンメッセ日南 p.238
높이 4.5m의 모아이 석상은 오른쪽부터 학력운, 금전
운, 결혼운, 전체운, 연애운, 건강운, 업무운을 담당하며,
만지면 소원이 이루어진다고 한다.

봄·여름·가을·겨울 사계절을 만끽하는
소도시 계절 여행

봄

① **오노미치**尾道 p.364 마을에서 가장 높은 산 정상에 위치하는 공원을 비롯해 산 주변은 봄이 되면 벚꽃으로 가득하다. 로프웨이를 타고 올라가 볼 것.

② **카나자와**金沢 p.108 켄로쿠엔, 카나자와성 공원, 아사노 강변 등 이름난 전통 명소는 벚꽃 명소로도 유명하여 매년 벚꽃놀이를 즐기는 이들로 붐빈다.

③ **토야마**富山 p.129 토야마 시내 중심부를 가로지르는 마츠가와 강변과 후간 운하 환수 공원의 산책로를 거닐며 벚꽃 산책을 즐길 수 있다.

자연이 선사하는 형형색색 다채로움의 향연. 핑크빛 벚꽃이
피고 진초록 녹음이 짙어지며 울긋불긋 단풍으로 서서히 물들다가
어느새 호호 입김이 나는 사계절의 변화를 직접 느껴보자.

여름

① **타카마츠**高松 p.262 문화재로 지정된 정원 중에서 가장 넓은 면적을 자랑하는
리츠린 공원에서 울창한 초록이 반기는 싱그러운 풍경을 감상하자.

② **시모노세키**下関 p.172 공원 앞 해협을 조망할 수 있는 대관람차와 놀이기구를
타며 시원한 바다를 보며 즐길 수 있는 유원지는 여름 감성에 딱이다.

③ **나가사키**長崎 p.196 원색의 꽃들이 만발하는 글로버 정원, 오래된 아치형 돌다리
메가네바시 등 청량한 여름의 기운을 만끽할 수 있는 도시.

① **시라카와고** 白川郷 p.126 붉고 노란 빛으로 물든 삼각 지붕 마을은 가을이 되면 더욱 아름다워지며, 마을에 핀 코스모스로 한층 더 풍요롭다.

② **타카야마** 高山 p.150 울긋불긋 가을 풍경과 다채로운 음식으로 시각과 미각을 충족시키는 여행을 하고 싶다면 단연 타카야마가 제격이다.

③ **쿠마모토** 熊本 p.214 붉은 단풍과 녹색 이파리의 완벽한 대비를 이루는 스이젠지 공원은 쿠마모토가 자랑하는 대표적인 단풍 명소이다.

겨울

① **이부스키** 指宿 p.244 몸과 마음이 따뜻해지는 뜨끈한 모래찜질로 겨울을 이겨내자. 혈액순환 촉진과 신경통 완화 등 일반 온천의 3~4배 효능이 뛰어나다.

② **게로** 下呂 p.094 자연이 빚어낸 야외 온탕에서 발을 담그며 온천을 즐길 수 있는 개구리 마을. 겨울에는 매주 토요일 불꽃놀이가 펼쳐진다.

③ **마츠야마** 松山 p.302 일본에서 가장 오래된 온천에서 뜨끈한 온천욕을 즐겨보자. 18개 원천을 조합해 가장 적정한 온도인 42도를 유지한다.

①

②

③

옛 풍경을 고스란히 간직한 마을
소도시에서 찾은 작은 교토

기나긴 세월의 숨결이 깃든 거리 풍경과 고즈넉한 운치, 잔잔한 분위기가 놀랍도록 교토를
쏙 빼닮았다. 교토에 가지 않아도 만날 수 있는 전통과 격식의 거리를 가만히 걸어본다.

카나자와 金沢 히가시차야가이 ひがし茶屋街 p.113

200년 전 게이샤의 거리 거닐어 보기. 나무 격자창과 돌 다다미길이 이어지는 거리는 에도 시대의 풍경이 그대로 남아있다.

쿠라시키 倉敷

쿠라시키 미관 지구
倉敷美観地区 p.330

전통 건물 보존 지구로 지정된 마을 강
가에서 고즈넉한 옛 풍경을 바라보며 나
룻배를 타고 유유자적 뱃놀이를 즐긴다.

타카야마 高山
산마치 さんまち **p.161**

좁은 골목길로 들어선 순간, 옛날로 타임 슬립한 것 같다. 과거 이 지역 중심지이자 상업 활동이 번성했던 곳이라 한다.

시모노세키 下関
조카마치초후 城下町長府 **p.182**

1602년에 형성되어 역사적 사건의 무대로 활약한 작은 마을. 흙벽과 돌담길이 고요한 분위기와 옛 정취의 운치를 더한다.

미야자키 宮崎
오비 성하 마을
飫肥城下町 **p.240**

먼 옛날 미야자키의 중심지로 1588년부터 280년간 번성하였다. 마을 마스코트가 안내하는 지도를 보며 둘러볼 수 있다.

예술을 따라 걷는 소도시 산책
마이 아트 트립

카가와 香川
나오시마 直島 **p.280**, 테시마 豊島 **p.289**

섬 전체가 커다란 야외 미술관. 마을 곳곳에 설
치된 예술 작품을 감상하며 섬을 한바퀴 돌아보
면 시간 가는 줄도 모른다.

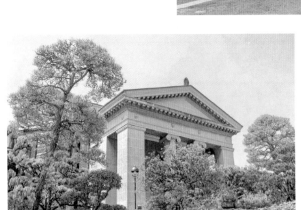

쿠라시키 倉敷
오하라 미술관 大原美術館 **p.332**

소도시에서 거장의 명작을 만나는 시간. 모
네, 고갱, 엘 그레코 등 이름만 들으면 누구
나 아는 예술가의 작품들이 전시되어 있다.

도쿄와 오사카가 아니더라도 전국구로 널리 알려진
유명 미술관과 마을 전체가 예술 특별지구로 지정된 곳이 있다.
우리의 마음을 흔드는 예술 작품을 찾으러 작은 여행을 떠나자.

카나자와 金沢
카나자와 21세기 미술관
金沢21世紀美術館 p.114

전통적인 분위기가 주를 이루던 도시를 현대미술의 메카로 만든 주인공. 언제든 들를 수 있는 만남의 장을 지향한다.

토야마 富山
토야마현 미술관 富山県美術館 p.135

직접 만지고 뛰어노는 체험형 미술관. 어린아이부터 어른까지 누구나 즐길 수 있으며, 감각을 자극하는 도구들이 설치되어 있다.

마츠야마 松山
도고 온천 아트
道後オンセナート p.307

예술의 거리가 된 온천 마을. 지금껏 지역 활성화에 공헌해 온 도고 온천의 수리 기간에 맞춰 이번에는 예술로 사람들을 불러 모은다.

제마다의 개성으로
구경만으로도 신이 나는 시장
소도시 전통 시장
탐방하기

세월이 흐르고 흘러 바깥 거리의 풍경은
시대에 맞게 바뀌었다지만, 정겨운
분위기와 왁자지껄 웃음이 가득한
재래시장은 그곳에 남아 여전히
변함없이 옛 모습을 간직하고 있다.

시모노세키下関 **카라토 시장**唐戸市場 **p.178**

복어, 도미, 방어 등 싱싱한 생선을 주로 취급하는 어시장
으로 이른 아침부터 점심까지 갓 잡은 신선한 해산물을
바로 즐길 수 있다.

카나자와金沢
오미초 시장近江町市場 **p.120**

300주년을 맞이한 카나자와 시민의
부엌. 제철 해산물과 채소, 과일, 정육
등 약 170여 개 점포가 좁은 길을 따
라 늘어서 있다.

코치 高知 히로메 시장 ひろめ市場 **p.316**

코치의 명물 가다랑어 타타키를 맛볼 수 있는 곳. 인근 해안에서 어부가 직접 잡은 가다랑어를 그대로 싣고 와 대접한다.

코치 高知 일요 시장 日曜市 **p.316**

330년의 역사를 자랑하는 일요 시장은 이름 그대로 일요일에만 문을 여는 곳이다. 신선한 과일과 채소를 생산자 직판 가격에 구매 가능하다.

타카야마 高山
아침 시장 朝市 **p.157, 158**

활기차게 하루를 여는 아침 시장은 타카야마의 랜드마크 타카야마 진야와 강변을 따라 매대가 줄지어 선 미야가와에서 펼쳐진다.

일본에 먹으러 갑니다
지역별 명물 향토 음식

야키카레 焼きカレー
📍키타큐슈 北九州

뚝배기에 쌀밥을 담고 그 위에 다양한 재료를 넣은 카레를 부은 다음 치즈를 얹어 오븐에 익힌 음식.

한톤 라이스 ハントンライス
📍카나자와 金沢

케첩으로 버무린 밥 위에 달걀 프라이와 흰살 생선 튀김을 얹고 타르타르 소스를 뿌린 카나자와의 향토 요리.

사누키 우동 さぬきうどん
📍타카마츠 高松

카가와현에서 탄생한 우동으로 건면보다 높은 수분량을 유지하는 반 생면을 사용해 쫄깃한 면발이 특징이다.

나가사키 짬뽕 長崎チャンポン
📍나가사키 長崎

돼지고기, 해산물, 채소 등의 건더기를 듬뿍 넣은 일본식 중화요리. 저렴하면서 영양가도 높아 현지인의 큰 사랑을 받고 있다.

히츠마부시 ひつまぶし
📍나고야 名古屋

뼈를 손질한 장어를 꼬챙이에 꽂아 구운 다음, 얇게 썰어 밥 위에 올린 음식. 나고야는 히츠마부시의 발상지이다.

잔멸치 덮밥 しらす丼
📍시즈오카 静岡

모치무네 항구 근처에서 갓 잡은 잔멸치의 쫀득하고 탱글탱글한 식감이 일품이다. 날것 또는 쪄서 먹는다.

우동이 먹고 싶어 무작정 일본으로 떠났다는 누군가의
일탈이 더 이상 무용담이 아닌 흔한 이야기가 된 세상.
음식 한 그릇으로 여행자를 끌어당기는 맛있는 도시들이 있다.

치킨난반 チキン南蛮　　📍 미야자키 宮崎

단촛물에 재운 닭튀김에 타르타르 소스를 뿌려 먹는 음식. 한
음식점의 메뉴였으나 이제는 지역 명물로 자리 잡았다.

타이메시 鯛めし　　📍 마츠야마 松山

마츠야마 인근 해안에서 잡은 싱싱한 도미를 날것 그대로, 또
는 찐 다음 밥 위에 얹어 먹는 요리.

타이피엔 太平燕　　📍 쿠마모토 熊本

채소와 해산물과 당면을 듬뿍 넣고 소금으로만 간을 한 쿠마
모토 스타일의 면 요리. 닭 뼈 육수에 깔끔하게 끓여낸다.

오코노미야키 お好み焼き　　📍 히로시마 広島

히로시마풍 오코노미야키는 수분이 많고 반죽이 얇으며, 양
배추를 잘게 채 썰어 면과 함께 굽는다. 소스는 달달한 맛.

카츠오 타타키 カツオたたき
📍 코치 高知

코치 특산물이자 입에서 살살 녹는 기
름진 가다랑어를 센 불에 살짝 구운 타
타키 요리.

흰 새우 白えび
📍 토야마 富山

토야마 앞바다에서 나는 흰 새우는 뛰어
난 맛으로 토야마만(灣)의 보석이라 불린
다. 이를 사용한 초밥과 튀김이 유명하다.

아나고메시 あなごめし
📍 미야지마 宮島

붕장어의 머리와 뼈로 만든 육수와 간장
을 혼합해 밥을 지은 다음, 그 위에 숯불
로 구운 붕장어를 올려 먹는 음식.

한 손에는 달콤한 선물을
일본 소도시 명과 열전

우나기파이 うなぎパイ   📍시즈오카 静岡
슌카도 春華堂

1961년 탄생한 전국구 명물. 버터와 장어 엑기스, 마늘을 혼합하여 만든 파이. 비린내 없이 고소하고 바삭하다.

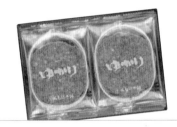

유카리 ゆかり   📍나고야 名古屋
반카쿠소혼포 坂角総本舗

130년 된 노포의 새우 풍미 가득한 일본식 전병. 창업 당시 제조법을 그대로 따르며 만들어지기까지 7일 이상이 소요된다.

시라사기모노가타리 しらさぎ物語   📍게로 下呂
아즈사야 あずさ屋

몸을 다친 백로가 온천에 몸을 담그자 상처가 나았다는 설화를 바탕으로 만들어진 쿠키. 화이트 크림을 샌드해 부드럽다.

킨츠바 きんつば   📍카나자와 金沢
나카타야 中田屋

1934년 창업한 가게의 화과자. 알이 굵고 큰 부드러운 팥만을 엄선해 만든 팥소를 얇게 구운 반죽에 붙여 삶는다.

카스텔라 カステラ   📍나가사키 長崎
후쿠사야 福砂屋

나가사키의 대명사가 된 빵. 스페인과 포르투갈에서 건너온 빵이 현지화되면서 지역을 대표하는 명물로 자리 잡았다.

치즈만주 チーズ饅頭   📍미야자키 宮崎
와라베 わらべ

바삭한 식감의 쿠키 속에 치즈 앙금과 건포도가 듬뿍 들어있는 만주. 깜찍한 아기 캐릭터가 그려진 패키지가 특징.

공항이나 철도 역사에서 한 손에 봉투 하나씩 들고
발길을 재촉하는 일본 사람들은 도대체 무엇을 산 걸까?
정답은 오랜 전통과 역사를 자랑하는 각 지역의 명과 세트이다.

카와라센베이 瓦せんべい　📍타카마츠 高松
쿠츠와야 宗家 くつわ堂

카가와 지방 전통 설탕인 와산본和三盆의 원료당이자 최고급
조미료이기도 한 '시로시타토白下糖'를 사용해 만든 전병.

이치로쿠타르트 一六タルト　📍마츠야마 松山
이치로쿠혼포 一六本舗

에히메 지방의 유자와 쌍백당을 첨가한 팥앙금을 부드러운
카스텔라로 감싼 담백한 맛의 타르트.

칸자시 かんざし　📍코치 高知
하마코 浜幸

연간 450만개가 팔리는 코치의 대표 디저트. 버터 풍미 과자
에 유자향 앙금 맛이 은은하게 퍼진다.

무라스즈메 むらすずめ　📍쿠라시키 倉敷
킷코도 橘香堂

신선한 계란을 한가득 넣은 반죽을 크레이프 형태로 구워 홋
카이도산 팥앙금을 부드럽게 감싼 전통 과자.

모미지만주 もみじ饅頭　📍미야지마 宮島
야마다야 やまだ屋

1932년에 문을 연 미야지마의 터줏대감 야마다야의 만주. 팥
소의 달콤한 맛과 쫄깃한 식감이 절묘하게 어우러진다.

핫사쿠다이후쿠 はっさく大福　📍오노미치 尾道
핫사쿠야 はっさく屋

귤과 자몽을 섞은 히로시마의 새로운 품종 '핫사쿠'를 소로 사
용한 찹쌀떡. 새콤한 핫사쿠와 달콤한 팥소의 조화.

빵으로 느끼는 소소한 행복
현지인이 사랑하는 지역 명물 빵

다양한 특징과 개성으로 무장한 맛 하며 먹음직스러운 자태,
동전 몇 닢이면 손에 넣을 수 있는 양심적인 가격이 매력적인 지역 빵.
슈퍼마켓과 편의점에서 쉽게 구할 수 있으니 안 먹어볼 수 없다.

시즈오카 静岡
놋포빵 のっぽパン
시즈오카현 静岡県

길이 34cm를 자랑하는 기다란 크림빵. 패키지에 그려진 귀여운 기린은 1978년 출시 당시 시즈오카의 동물원에서 큰 인기를 끌던 기린 친구를 형상화한 것. 우유, 피넛, 초코 등 다양한 종류가 있다.

카나자와 金沢
두뇌빵 頭脳パン
이시카와현 石川県

1960년에 탄생해 60년이 지난 지금도 꾸준히 판매되고 있는 롱 셀러 상품. 집중력과 기억력에 좋은 비타민B1이 들어 있어 먹으면 머리가 좋아진다고 이름 붙었다. 수분이 적은 핫도그 번과 비슷한 맛이다.

미야자키 宮崎
쟈리빵 じゃりパン
미야자키현 宮崎県

설탕의 한 종류이자 입자가 작은 그래뉴당을 섞은 버터크림을 빵 한가운데에 넣은 것. 크림을 씹을 때 설탕이 잘게 부서지는 소리가 그대로 빵 이름이 되었다. 버터크림을 넣은 플레인 외에도 초코, 딸기, 말차, 크림치즈, 건포도 맛이 있다.

이부스키 指宿
래빗빵 ラビットパン
카고시마현 鹿児島県

복고풍 패키지에 그려진 깜찍한 토끼가 눈에 띄는 빵. 강낭콩으로 만든 흰 앙금이 들어간 빵 위에 양갱을 얹은 신선한 스타일의 빵이다. 한 달에 1만개가 팔릴 정도로 히트 상품이지만 더위에 약한 제품 특성상 여름에는 제조되지 않는다.

마츠야마 松山
양갱빵 ようかんパン
에히메현 愛媛県

달달한 맛을 좋아하는 이라면 강력 추천! 이름처럼 빵 겉면을 양갱으로 코팅한 빵이다. 속에는 끓인 팥을 으깨어 껍질을 제거하고 설탕을 첨가해 반죽한 팥소 '코시 앙こしあん'을 넣는다. 양갱과 팥소가 어우러져 더욱 달콤한 맛을 낸다.

코치 高知
모자빵 ぼうしパン
코치현 高知県

이름 그대로 모자를 똑 닮은 생김새로 인해 붙은 이름. 카스텔라 반죽으로 만든 모자챙 부분은 바삭한 식감, 버터롤 반죽의 동그란 몸통 부분은 폭신한 식감이 특징이다. 패키지 캐릭터는 만화 '호빵맨'을 그린 야나세 타카시가 그렸다.

쿠라시키 倉敷
바나나크림롤 バナナクリームロール
오카야마현 岡山県

도쿄의 한 유명 빵집에서 수련을 거친 창업자가 귀향 후 만든 상품. 이름에서도 알 수 있듯이 부드러우면서도 폭신한 식감의 바나나맛 크림을 속에 채운 빵이다.

미야지마 宮島, 오노미치 尾道
멜론빵 メロンパン
히로시마현 広島県

히로시마현 하면 떠오르는 과일은 레몬! 널리 알려진 명물 빵의 형태 역시 레몬에 가까운 럭비공 모양. 하지만 이름엔 멜론이 들어가 있다. 촉촉한 빵 속에 들어있는 크림도 흰 앙금에 가까운 맛이다.

톳토리 鳥取
포도빵 ブドーパン
톳토리현 鳥取県

방부제 같은 첨가물을 일절 사용하지 않고 장시간 발효한 빵 속에 건포도와 럼주 향 버터 크림을 넣은 것으로, 성장기 아이들에게 좋다는 평을 얻으며 일본의 보건복지부인 후생노동성 장관상을 수상했다.

추억을 가지고 돌아가요
지역 한정 기념품

이제는 집으로 가야 할 시간. 여행의 아쉬움을 달래줄 일본의 각 지역 한정 기념품을 반드시 구매하자.
각자 저마다의 사연을 품고 있어 더욱 재미있다. 지갑은 두둑히 챙기도록!

시즈오카 静岡
시즈오카현 静岡県

치쿠메이도 와라카케
竹茗堂 わらかけ 香千里

100g ￥2,160

230년 동안 9대에 걸쳐 녹차를
만들어온 명가. 와라카케는 최고
급 녹차 중 하나이다.

녹차 스틱 10개들이
うす茶あられ スティック10本入り

￥540

단맛을 느낄 수 있도록 당분을
배합한 말차

텐진야 시즈오카오뎅 키트
天神屋 しぞ～かおでん

￥1,600

연간 백만개가 팔린다는
오뎅 키트. 봉지째 5분만
끓이면 완성~

TIP 녹차의 종류

- **센차 煎茶** 잎을 쪄서 말린 것으로 가장 많이 마시는 종류의 차
- **반차 番茶** 녹차용 잎을 딴 후 남은 딱딱한 잎이나 줄기가 원료
- **현미차 玄米茶** 볶은 반차番茶와 현미를 1:1 비율로 섞은 차
- **말차 抹茶** 어린 찻잎을 가루차로 만든 것으로 차도에 사용
- **보리차 麦茶** 찻잎이 아닌 대맥이나 껍질을 벗긴 보리를 볶은 차
- **호지차 ほうじ茶** 반차番茶를 볶은 것으로 고소한 맛이 특징

TIP 시즈오카 오뎅 다섯 개 조항

① 검은 국물이다.
② 꼬치에 꽂혀 있다.
③ 넙적한 어묵 한펜はんぺん이 들어 있다.
④ 파래와 육수 가루를 뿌린다.
⑤ 과자 가게에서도 판다.

타마루야 시즈오카 고추냉이
田丸屋 静岡本わさび瑞葵

￥486

시즈오카는 고추냉이 재배의 발상지!
튜브 상품이지만 본연의 맛을 느낄 수
있어 추천

나가토야 히츠마부시의 사토차즈케
長登屋 ひつまぶしの里茶漬け

¥1,080

집에서도 쉽게 먹을 수 있도록
오차즈케로 변신한 히츠마부시

코메다커피점 카페오레 컵 & 소서
コメダ珈琲店 オーレカップ&ソーサー

¥3,400

나고야 대표 카페의 오리지널 캐릭
터가 그려진 커피 잔과 받침 세트

카루비 테바사키맛 쟈가리코 & 글리코 자이언트 프릿츠
カルビー手羽先味 じゃがりこ & グリコ ジャイアントプリッツ

각 ¥980, ¥1,200

나고야 명물 음식인 일본식 닭 날개
튀김 맛 과자들. 지역 한정 판매

TIP 슈퍼마켓에서 지역 한정 찾기

일본 대표 감자칩 '포테토칩스ポテトチップス', 한국에도
진출한 소프트캔디 '하이츄HI-CHEW', 일본 국민과자
감자스틱 '쟈가리코じゃがりこ', 일본의 빼빼로 '포키폿キ'
키'와 '프릿츠プリッツ' 등 슈퍼마켓에서 흔히 보이는
브랜드 과자도 지역 한정 맛을 선보인다. 과자 코너를
유심히 살펴보며 '限定'라는 단어를 찾아볼 것.

아유미야 온타마사봉 비누
あゆみ屋 温玉さぼんせっけん

¥1,350

게로의 온천수를 배합한 젤리형
비누로 얼굴과 전신에 사용 가능

오쿠다마타에몬 게로코모노가타리 나고미노비유
奥田又右衛門膏本舗 下呂膏物語なごみの美湯

¥770

탄력과 윤기 있는 건강한 피부로 만들어
주는 입욕제

나카시마멘야 카가하치만오키아가리 인형
中島めんや 加賀八幡起上り人形

¥880~

아이의 건강을 기원하고자 만들어진
카나자와의 전통 인형

스타벅스 쿠타니야키 머그잔
STARBUCKS 九谷焼マグ

237ml ¥4,950

이 지역 대표 전통공예이자 고
급 도자기인 쿠타니야키
로 제작한 한정 머그잔

홋카 비버 hokka ビーバー

¥238

1970년 출시되어 50년이 지나도 변함없이 사랑받는
토야마 사람들의 솔 푸드

케로린 굿즈
ケロリングッズ

슬리퍼 スリッパ ¥2,530
배스 매트 バスマット ¥2,200
물바가지 모양 스마트폰 스트랩 ストラップ ¥550

두통과 생리통에 효능이 좋은 토야마산 진통제 브랜드
'케로린'의 욕실 굿즈

TIP 케로린과 목욕탕은 무슨 관계?

일본 전국의 목욕탕과 료칸에서 쓰는 물바가지에 1963년
부터 토야마의 진통제 브랜드 케로린의 광고를 인쇄해 보
급하면서 전국적으로 유명세를 탔다. 케로린이 인쇄된 노
란색 물바가지는 일본인들에게 향수를 불러일으키는 대
표적인 물건이 되었다.

사루보보 인형 さるぼぼ

¥605~1,320

타카야마 사람들에게 순산, 원만한 부부관계
등의 부적 역할을 하는 아기 원숭이

히다사시코 북 커버
飛騨さしこ ブックカバー

¥1,210

기하학 모양을 한 전통기법 직물로 만든 북
커버. 이외에도 손수건, 컵 받침, 부채 등이
있다.

TIP 사루보보는 왜 얼굴이 없을까?

사루보보는 자신을 비추는 거울을 의미하기도 한다. 인형 주인의
감정을 받아들이는 부적으로 기쁠 때는 사루보보도 웃는 얼굴이
되고 슬플 때는 슬픈 얼굴이 되므로 표정을 담은 눈, 코, 입은 그려
져 있지 않다.

시모노세키 下関
야마구치현 山口県

아사히 주조 닷사이
旭酒造 獺祭

720ml ¥1,815

니혼슈日本酒(일본식 청주)의 대표격 술. 달콤한 향기와 깔끔한 뒷맛으로 세계적인 인기를 끌고 있다.

TIP 닷사이 이름 뒤에 붙은 숫자의 의미는?

니혼슈의 원료인 쌀을 정미할 때 남은 쌀의 비율을 말한다. 닷사이는 기본적으로 정미율 50% 이하의 쌀로만 만드는데, 정미율이 낮아질수록 쌀의 감칠맛이 강해지며 가격도 높아진다. 아사히 주조는 닷사이 23%를 니혼슈의 최고봉이라며 자부심을 드러내기도 했다.

야마사 츠부우니 やまさ 粒うに
¥950

전국에 널리 유통하기 위해 알코올과 설탕을 넣어 숙성한 성게

키타큐슈 北九州
후쿠오카현 福岡県

모지코레트론 바나나 별사탕
門司港レトロン バナナ 金平糖缶

¥650

모지코 지역의 상징 바나나를 별사탕으로 만나보자.

TIP 바나나가 모지코의 상징인 이유는?

모지코의 여러 기념품점을 방문하면 유독 바나나맛 상품이 자주 보인다. 이는 모지코에서 유래한 바나나의 독특한 판매 방식이 유명해지면서 덩달아 이 지역 상징이 된 것. 판매자의 기묘한 말투로 고객을 끌어들인 후 서서히 가격을 내려가는 경매 방식이라고 한다.

베어푸르츠 슈퍼 야키카레 소스
BEAR FRUITS スーパー焼きカレーソース

¥550

모지코 명물인 야키카레의 레토르트 소스. 치즈를 올리면 더욱 맛있다.

나가사키 長崎
나가사키현 長崎県

나가사키 비도로
長崎ビードロ

¥990

나가사키의 전통 유리 공예품으로 입으로 가볍게 불면 소리가 난다.

친다테이 나가사키 수프카레
珍陀亭 長崎スープカレー

¥1,080~1,200

나가사키 짬뽕의 국물로 만든 수프카레. 20종류의 향신료를 배합해 만들었다.

TIP 나가사키 수프카레 맛있게 먹는 법

① 밥이 수프를 흡수하기 때문에 수프와 밥을 따로 담아 먹는다.
② 삶은 계란을 얹어 먹으면 수프 맛이 더욱 좋아진다.
③ 고추가루를 뿌려 먹으면 향신료의 맛이 배가된다.

쿠마모토 熊本

쿠마모토현 熊本県

이케다식품 타이피엔 치킨맛
イケダ食品 太平燕 チキン味

5개입 ¥400

쿠마모토 지역 급식으로 등장할 만큼 친숙한
타이피엔을 봉지 면으로 만나볼 수 있다.

쿠마몬 얼굴 모양 파우치
くまモン フェイスポーチ

¥1,320

쿠마모토를 상징하는 지역 마스코트
쿠마몬의 얼굴을 한 파우치

TIP 쿠마몬은 누구?

2011년 큐슈 지역의 신칸센(일본의 고속 철도) 전 노선 개통을 기념해 탄생한
쿠마모토 공식 마스코트. 지역 활성화를 위해 고군분투하는 모습에 감동받은
이들이 속출하면서, 지역 마스코트 중 인지도와 호감도 모두 1위를 차지할 만
큼 대단한 인기를 누리고 있다.

미야자키 宮崎

미야자키현 宮崎県

키리시마주조 키리시마
霧島酒造 霧島

900ml ¥880

매년 일본 판매량 1위에 빛나는 일본식 소주,
쇼츄焼酎 브랜드

나카무라식육 맥시멈
中村食肉 マキシマム

¥645

스테이크, 수프 등에 뿌리기만 해도
프로가 만든 맛이 나는 조미료

난오사루 부적
南男猿 お守り

¥162

귀여운 원숭이 얼굴을 하고 있는
재난 예방과 액막이 부적

TIP 쇼츄焼酎의 종류

고구마를 주원료로 하여 달콤하고 향기로운 맛이 특징인 '이모죠츄芋焼酎', 보리가
주원료로 산뜻하고 칼칼한 맛인 '무기죠츄麦焼酎', 쌀이 주원료로 알코올 도수가 높
고 부드럽고 깔끔한 맛을 내는 '코메쇼츄米焼酎' 등 크게 세 종류로 나뉜다.

이부스키 指宿
카고시마현 鹿児島県

이부스키온천 이부스키의 비밀
指宿温泉 いぶすきの秘密

¥1,320

이부스키 료칸 여주인들의 아이디어로 탄생한 온천수 미스트

이부스키야 이부스키 하이볼
指宿屋 指宿ハイボール

¥3,454

일본식 소주와 지역 한정 사이다를 섞어 만드는 하이볼 세트

카고마니아 오이노논카타백
カゴマニア おいの飲んかたBAG

¥990

카고시마의 유명 이모조츄 芋焼酎를 넣어 다닐 수 있는 술 전문 가방

타카마츠 高松
카가와현 香川県

사누키멘교 한나마 우동
さぬき麺業 手さげ半生うどん

¥800

면을 삶고 동봉된 소스만 넣으면 근사한 사누키 우동이 완성!

치이카와 사누키우동 키홀더
ちいかわ さぬきうどんキーホルダー

¥440

치이카와 캐릭터들이 카가와현의 사누키 우동을 먹고 있는 그림 키홀더

나오시마·테시마·쇼도시마 直島·豊島·小豆島
카가와현 香川県

쿠사마 야요이 호박 키홀더
草間彌生 南瓜 キーホルダー

¥1,650

예술가 쿠사마 야요이의 대표작 호박은 나오시마의 상징이기도 하다.

테시마 미술관 샤프
豊島美術館 シャープペン

¥540

테시마 미술관의 새하얀 건물 이미지를 문구에 녹여냈다.

TIP 쿠사마 야요이의 호박이 부활?!

쿠사마 야요이는 호박에서 정신적 힘을 느끼며 안정감을 주는 존재라고 여긴다. 나오시마의 상징이기도 한 노란 호박은 2021년 태풍으로 인해 복원이 어려울 정도로 파손되었으나 2022년 10월에 복원에 성공하여 부활하였다.

쿄에이식량 쇼도시마 먹는 올리브오일
共栄食糧 小豆島 食べるオリーブオイル

145g ¥930

잔멸치, 다진 마늘 등을 올리브오일에 재워 만든 것으로 밥에 올려 먹는다.

미캉과 코미캉, 다크미캉 인형
みきゃん、こみきゃん、ダークみきゃん マスコットぬいぐるみ

¥1,210

에히메현 공식 마스코트 친구들의 귀여운 캐릭터가 다양한
상품으로 변신!

미캉 이마바리 손수건
みきゃん今治ハンカチ

¥880

일본 최대 수건 생산지 이마바리
今治에서 만들어진 미캉 손수건

TIP 이마바리 수건이 인기인 이유?

이마바리 수건은 반복해서 사용해도 딱딱해지지 않는다. 꼬임이
강한 실은 세탁을 하면 뿌리가 꼬여 딱딱해지기 때문에 이 부분에
철저히 신경을 쓴다고. 소재가 만들어내는 부드러움과 높은 흡수
성 또한 인기의 요인 중 하나이다. 참고로 이마바리는 마츠야마와
같은 에히메현에 속한 도시이다.

가다랑어, 고래, 도사견 양말
靴下

¥450~550

코치를 상징하는 가다랑어, 고래, 도사견을 캐릭터화한 양말

이모켄피
芋けんぴ

¥500~

고구마를 기름에 튀기고 설
탕 시럽을 버무린 과자. 에도
시대부터 먹었다고 한다.

마스킹 테이프
マスキングテープ

¥140~1,600

이 지역 전설로 내려오는 모모타로桃太郎를
그린 마스킹 테이프들

TIP 마스킹 테이프가 문구가 된 계기?

주로 점착용으로 사용되던 마스킹 테이프가 문구로 널리 쓰이게
된 것은 공업용 마스킹 테이프를 주로 생산하는 쿠라시키의 기업
카모이 가공지カモ井加工紙 덕분이다. 한 여성이 낸 아이디어에 귀
를 기울여 만든 것이 좋은 반응을 얻어 보급되었다고 한다.

쿠라시키베어 스트랩
倉敷ベアストラップ

소 ¥350, 대 ¥450

쿠라시키에서 생산되는 데님
으로 만든 귀여운 곰돌이
스트랩

미야지마 宮島
히로시마현 広島県

주걱 모양 젓가락 받침 & 마그넷
杓子型箸置き&杓子型マグネット

¥500

행복을 먹는다는 의미와 함께 주걱이 상징이 된 미야지마 대표 기념품

이츠쿠시마 신사 부적
厳島神社 お守り

¥600

사랑하는 사람과 좋은 인연을 맺어준다는 부적. 사슴이 그려져 있다.

TIP 미야지마는 왜 주걱이 유명한 걸까?

옛날 미야지마에서는 버농사와 밭농사가 금지되어, 섬마을 주민들은 주로 산에서 장작을 모아오는 일을 했다고 한다. 자연스레 나무를 사용한 공예품이 발달하게 되었고 우연히 대형 주걱을 고안하면서 지역의 명물이자 기념품으로 자리 잡게 되었다.

오노미치 尾道
히로시마현 広島県

오노미치 시립 미술관 경비원 핀 뱃지&캘린더
尾道市立美術館 警備員バッチ&カレンダー

각 ¥500, ¥1,000

미술관을 지키는 경비원 할아버지와 고양이를 담은 다양한 상품이 판매 중이다.

세토우치레몬농원 레모스코
瀬戸内レモン農園 レモスコ

¥454

히로시마산 레몬과 식초, 고춧가루를 블렌딩한 레몬 향 그윽한 핫소스

TIP 미술관의 마스코트, 경비원과 두 고양이

오노미치 시립 미술관 앞을 지키는 경비원 할아버지와 미술관 내부로 들어가려는 검은 고양이 '켄'과 삼색 고양이 '고'. 이들간의 치열한 공방이 뉴스에 소개되면서 일본을 넘어 전 세계적으로 유명세를 탔고, 결국 경비원 할아버지가 백기를 들면서 두 고양이와 행복하게 지내고 있다고 한다.

톳토리 鳥取
톳토리현 鳥取県

낙타 인형 らくだぬいぐるみ

S ¥1,700, L ¥3,850

톳토리사구에서 휴식을 취하고 있는 낙타를 본떠 만든 귀여운 인형

스나바 커피 드립 커피
すなば珈琲 ドリップコーヒー

¥540

사막의 모래로 로스팅한 스나바 커피의 드립 커피. 매번 품절을 기록하는 인기 상품

TIP 스나바 커피의 목표는 시애틀!

일본의 47개 도도부현 중 유일하게 스타벅스 지점이 없던 톳토리현의 커피 인기에 불을 지핀 주인공 스나바 커피. 스타벅스가 없어 설립된 곳이므로 스타벅스를 거울 삼아 톳토리를 시애틀처럼 커피 도시로 만드는 것이 목표라고 한다.

리얼 일본 소도시

PART
02

中部

가장 다채로운 일본을
만나는 방법

추부

가장 다채로운 일본으로 떠나볼까
추부의 소도시들

일본의 중심에 자리한 추부 지방은 일본 동서남북의
개성이 모인 곳이다. 봄꽃 구경하며 조용히 걷기 좋은 카나자와,
눈 덮인 후지산이 맞이하는 겨울의 시즈오카,
바다와 인접한 나고야부터 일본의 알프스 알펜루트까지,
사계절 다채로이 여행할 수 있는 추부를 소개한다.

추부

★★★ 후지산이 부르는 소리에 이끌려, **시즈오카**

★★★ 일본 제3의 도시에는 무엇이 있나요, **나고야**

★☆☆ 개구리 우는 소리가 이름이 된 온천 마을, **게로**

★★★ 전통을 새롭게 하는 대담함을 만나고 싶다면, **카나자와**

★☆☆ 신비의 세계가 시작되는 곳, **토야마**

★☆☆ 전통 거리는 시장과 먹거리 구경이 제맛, **타카야마**

특별한 여행을 꿈꾼다면?

기와 마을로 떠나는 당일치기 시간 여행, **시라카와고**

일본의 알프스 '타테야마 쿠로베 알펜루트'의 정점, **눈의 대계곡**

카나자와

토야마

○ 타테야마 쿠로베 알펜루트

시라카와고

타카야마

게로

나고야

시즈오카

코스부터 이동까지
추부를 여행하는 방법

추부 여행은 추부 국제공항이 있는 나고야부터 시작해보자.
교통 패스의 천국 일본인 만큼 지역 패스만 잘 선택해도 가성비 좋은 여행을 할 수 있다.

추부 여행 교통 정보

나고야 ↔ 시즈오카

🚅 54분~1시간 15분
JR 토카이도선東海道線·산요신칸센山陽新幹線

🚌 3시간 48분
JR 버스칸토JRバス関東

나고야 ↔ 타카야마

🚅 2시간 30분
JR 타카야마본선高山本線·특급히다特急ひだ

🚌 2시간 40분
노히濃飛 버스

시즈오카 ↔ 토야마

🚅 3시간 30분
시즈오카→도쿄東京(환승)→토야마

🚌 버스 직행이 없고 환승이 번거로우므로 열차 권장

카나자와 ↔ 토야마

🚅 23분
JR 호쿠리쿠신칸센北陸新幹線·카가야키かがやき

🚌 1시간
토야마치테츠富山地鉄 버스

토야마 ↔ 타카야마

🚅 1시간 30분
JR 타카야마본선高山本線·특급와이드뷰히다特急ワイドビューひだ

🚌 2시간 25분
노히濃飛 버스

나고야 ↔ 카나자와

🚅 3시간
JR 토카이도본선東海道本線·호쿠리쿠본선北陸本線 특급시라사기特急しらさぎ

🚌 4시간
호쿠테츠北鉄 버스 또는 JR 니시니혼JR西日本 버스

나고야 ↔ 게로

🚅 1시간 45분
JR 타카야마본선高山本線·특급히다特急ひだ

🚌 2시간 30분
미나미히다南飛騨 관광버스·게로온천下呂温泉 직행버스

시즈오카 ↔ 타카야마

🚅 5시간 30분
시즈오카→토요하시豊橋(환승)→나고야名古屋(환승)→타카야마

🚌 버스 직행이 없고 환승이 번거로우므로 열차 권장

카나자와 ↔ 타카야마

🚅 2시간 55분
카나자와→토야마(환승)→타카야마

🚌 2시간 15분
노히濃飛 버스

토야마 ↔ 게로

🚅 2시간 15분
JR 타카야마본선高山本線·특급히다特急ひだ

🚌 직행이 없고 환승이 번거로우므로 열차 권장

나고야 ↔ 토야마

🚅 4시간
JR 타카야마본선高山本線·특급히다特急ひだ

🚌 3시간 45분
토야마치테츠富山地鉄 버스

시즈오카 ↔ 카나자와

🚅 4시간
시즈오카→요네하라米原(환승)→카나자와

🚌 버스 직행이 없고 환승이 번거로우므로 열차 권장

시즈오카 ↔ 게로

🚅 4시간
시즈오카→토요하시豊橋(환승)→나고야名古屋(환승)→게로

🚌 버스 직행이 없고 환승이 번거로우므로 열차 권장

카나자와 ↔ 게로

🚅 3시간 45분
카나자와→토야마(환승)→게로

🚌 버스 직행이 없고 환승이 번거로우므로 열차 권장

타카야마 ↔ 게로

🚅 50분
JR 타카야마본선高山本線·특급히다特急ひだ

🚌 1시간 10분
노히濃飛 버스

추부 여행 6박 7일 추천 코스

○ 추부 국제공항 입국
메이테츠名鉄 전철 ⏱ 28~33분

○ 나고야(1박 또는 2박)
JR 열차 ⏱ 1시간 27분

○ 게로(1박)
JR 열차 ⏱ 41분~1시간 6분

○ 타카야마(1박)
노히濃飛 버스 ⏱ 50분

○ 시라카와고(당일치기)
버스 ⏱ 1시간 20분

○ 토야마(1박)
JR 신칸센新幹線 또는 아이노카제
あいの風&IR이시카와石川 열차
⏱ 23분~1시간

○ 카나자와(1박)
JR 열차 & 신칸센 & 메이테츠 열차
⏱ 3시간 30분

○ 추부 국제공항 출국

추천 코스에 꼭 맞는 알뜰 티켓

타카야마·호쿠리쿠 관광 티켓 高山·北陸エリア周遊きっぷ

타카야마, 호쿠리쿠(추부의 동해에 접하는 4개의 현) 지역의 JR 전철(특별 급행열차, 보통 급행열차, 쾌속·보통열차) 보통차의 자유석, '일본의 KTX' 신칸센新幹線의 자유석, 노히濃飛 버스를 5일간 자유롭게 이용할 수 있는 티켓이다. 공항으로 가는 교통수단을 제외하곤 모든 코스에서 이용 가능하다. 출입국 공항을 칸사이関西로 지정하면 공항과 오사카 시내를 연결하는 JR 전철도 이용할 수 있으며, 오사카와 교토를 일정에 포함시키는 것도 가능하다.

¥ (한국에서 구입) 일반 ¥14,260, 어린이 ¥7,130/ (일본에서 구입) 일반 ¥15,280, 어린이 ¥7,640

· JR 전철 노선: 나고야-토야마, 카나자와-교토-오사카, 오사카 시내-칸사이 공항 구간
· 신칸센 노선: 토야마-카나자와 구간
· 노히濃飛 버스 노선: 타카야마, 시라카와고, 토야마, 카나자와 구간

쇼류도버스주유권 昇龍道フリーバスきっぷ

메이테츠名鉄에서 운행하는 여행자 전용 티켓. 오로지 고속버스만 이용 가능해 열차에 비하면 다소 시간은 소요되나 저렴한 가격이 매력적이다. 나고야, 타카야마, 시라카와고, 카나자와, 토야마를 연속 3일간 둘러볼 수 있는 티켓과 여기에 게로가 추가되어 연속 5일간 둘러볼 수 있는 와이드 티켓 두 종류가 추천 코스에 적합한 티켓이다.

¥ 3일권 ¥10,000, 5일권 ¥14,000(한국에서 구입할 경우 더욱 저렴한 편이며 판매처에 따라 요금이 다름.)

후지산이 보이는 풍경
시즈오카
静岡

일본을 상징하는 후지산富士山이 자리한다는 이유만으로 다른 지역의 부러움을 한 몸에 받는 시즈오카는 별도의 관광 시설을 만들 필요가 없는 곳이다. 평범한 건물조차 후지산이 보인다고 하면 의도하지 않아도 훌륭한 관광 명소가 되어버리기 때문. 식욕을 돋우는 명물 음식을 즐기고 일본 으뜸으로 평가되는 이 지역 특산품 녹차를 호로록 마시며 배도 든든하게 채울 수 있다.

시즈오카

베스트 시즌
11~2월

관광안내소
· **주소** 静静岡市葵区黒金町49-1 JR静岡駅北口
· **시간** 09:00~17:45
· **휴무** 12월 29일~1월 1일

찾아가기
Access
O 인천 국제공항
　직항 ⏱2시간 5분
O 후지산시즈오카富士山静岡 공항
　버스 ⏱50분
O JR 전철 시즈오카静岡역 북쪽 출구

Train
JR 전철 시즈오카静岡역

시즈오카
상세지도

시즈오카에선 어떻게 이동할까

JR 시즈오카역 주변의 명소는 걸어서도 충분히 둘러볼 수 있다. 시내에서 다소 떨어진 곳에 있는 모치무네 항구와 그랜십은 JR 전철, 니혼다이라 호텔은 시즈오카역 남쪽 출구 정류장에서 호텔로 가는 무료 송영 버스를 타면 쉽게 이동 가능하다.

¥ JR 전철 1회 일반 ¥200~, 어린이 ¥100~

오오야키이모
大やきいも

JR 시즈오카역 🚉

● 테마 01. 후지산 뷰

● 테마 02. 시즈오카 명물 음식

● 테마 03. 시즈오카 차 기행

돈부리하우스
どんぶりハウス

모치무네 항구
用宗漁港

그랜십
グランシップ
(10F 전망 로비)

니혼다이라 호텔
日本平ホテル

시즈오카 시내 중심

차마치 킨자부로
茶町KINZABURO

시즈오카 현청 별관
静岡県庁別館 (21F 로비)

시즈오카 현청
静岡県庁

차10
CHA10

로코마니
ロコマニ

사와야카
さわやか
(신시즈오카 세노바 5F)

마루젠
MARUZEN

나나야
ななや

JR 시즈오카역

0   500m

0   200m

호텔에서, 항구에서, 전망대에서
후지산을 감상하는 4가지 방법

후지산은 해발 3,776m로 일본에서 가장 높은 산이며, 일본인에겐 마음의 고향이자 정신적인 원천이다.
거의 1년 내내 눈이 쌓여 있는 산봉우리 부근이 기가 막힌 풍경을 자아내는
후지산의 다양한 얼굴을 만날 수 있는 곳, 바로 시즈오카다.

호텔에서 느긋하게
니혼다이라 호텔 日本平ホテル ◆) 니혼다이라호테루

탁 트인 후지산 풍경을 감상할 수 있는 명소 중 현지인이 강
력 추천하는 곳은 다름 아닌 4성급 호텔이다. 전면이 통유
리로 되어 있어 로비, 객실, 라운지, 음식점에서도 훤히 보인
다. 호텔 앞 정원 너머로 후지산이 모습을 드러내니 자칭 '풍
경 미술관'이라 내세우는 점이 납득된다. 이곳에서 숙박하며
24시간 후지산을 보는 것도 추천한다. 상황이 여의치 않다
면 호텔 6층에 마련된 어퍼 라운지Upper Lounge에서 맛있는
디저트와 음료를 즐기며 바라보는 것도 좋은 방법이다.

📍 静岡県静岡市清水区馬走1500-2 ¥ 케이크 세트ケーキセット
¥1,280 🕐 11:30~24:00(마지막 주문 23:30) ✖ 연중무휴
📞 054-335-1131 🏠 www.ndhl.jp 🎯 34.980176, 138.465291

BEST VIEW 2

모치무네 항구 用宗漁港 🔊 모치무네교코오　　　　　　　　　항구에서 색다르게

시즈오카의 대표 특산물로 일본 전국에서 생산량 1위를 차지하는 '잔멸치'의 고장, 모치무
네 항구. 일본을 넘어 세계적으로도 수심이 깊기로 유명하며, 300년이 넘는 역사를 지닌
연안어업의 메카다. 이곳에서도 어김없이 보이는 후지산은 소박하면서도 아기자기한 분위
기의 항구와 어우러져 아름다운 풍경을 만들어낸다. 매일 아침에 잡은 잔멸치를 얹은 덮밥
을 즐기면서 경치도 감상하자. 맑게 갠 날씨가 지속되는 12~1월에 방문하면 더욱 좋다.

📍 静岡県静岡市駿河区用宗2-19-5　📍 34.923392, 138.366981

시즈오카 현청 전망 로비 静岡県庁展望ロビー ◄») 시즈오카켄초오텐보오로비　　　행정 시설에서 무료로

시즈오카현의 행정을 도맡아 처리하는 시즈오카 현청 별관 21층에서도 후지산을 볼 수 있다. 본래는 비상 재해 시 방재 거점으로 쓰고자 지은 건물이지만 조망이 뛰어나 개방하기로 했다고 한다. 무료로 입장할 수 있으며, 현청이 쉬는 주말과 공휴일에도 이곳만은 문을 열어둔다. 날씨가 맑으면 후지산이 선명하게 보이고 인근 스루가駿河만의 바다 풍경도 볼 수 있다.

📍 静岡県静岡市葵区追手町9-6
¥ 무료 🕐 월~금요일 08:30~18:00,
토·일·공휴일 10:00~18:00
❌ 부정기(홈페이지 참고),
세번째 토·일요일, 12/29~1/3
📞 054-221-2185
🏠 www.pref.shizuoka.jp/soumu/
so-120/tenbou.html
🌐 34.976881, 138.383723

그랜십 전망 로비 グランシップ展望ロビー ◄») 그란시뿌텐보오로비　　　문화 시설에서 가족과 함께

시즈오카현에서 관리하는 복합 문화 시설 '그랜십' 10층 로비는 시즈오카의 전경을 감상할 수 있도록 무료로 개방하고 있다. JR 전철의 노선이 내려다보여 열차의 움직임을 지켜볼 수 있어 어린이들에게 인기다. 이곳에서도 화창한 날은 멀리 후지산이 보인다.

📍 静岡県静岡市駿河区東静岡2-3-1 ¥ 무료 🕐 09:00~18:00 ❌ 부정기(홈페이지 참고) 📞 054-203-5710 🏠 www.granship.or.jp/visitors/guide/lobby.html 🌐 34.985894, 138.417244
🔍 Granship

검은 오뎅이 다가 아니야
시즈오카 명물 음식

바다와 산, 들로 둘러싸인 시즈오카현은 다양한 입맛의 여행자를 만족시키는

식자재의 보고다. 현지 특산물을 십분 활용한 먹거리부터 오직 시즈오카에서만 만날 수 있는

지역 체인점까지 있으니, 여행의 피로는 맛있는 음식으로 날려버리자.

오오야키이모 大やきいも ◀) 오오야키이모

시즈오카식 오뎅

100년 이상의 역사를 자랑하는 오뎅 노포. 이곳의 자랑은 20년 이상 물을 더해 끓이고 있다는 시커먼 육수. 소 힘줄을 커다란 가마솥에 장시간 우려낸 다음 간장을 붓는다. 여기에 감자, 곤약, 튀긴 어묵, 삶은 계란, 무, 소 힘줄 등 오뎅의 주재료가 더해지면 더욱 감칠맛 나고 부드러운 육수가 완성된다. 시즈오카에서는 모든 재료를 꼬치에 꽂아 판매한다. 비치된 생선 분말 '다시코だし粉'를 찍어 먹는 것이 시즈오카식이다.

📍 静岡県静岡市葵区東草深町5-12
¥ 소 힘줄 牛すじ ¥110 나머지 오뎅 おでん ¥70
🕐 10:30~16:30
✖ 월, 화요일 📞 054-245-8862
📍 34.98419, 138.38611
🔍 o-yakiimo

사와야카 さわやか ◀) 사와야카

시즈오카 로컬 체인

시즈오카에서만 만날 수 있는 햄버그스테이크 전문점이다. 100% 소고기 햄버그를 최상급 참숯인 비장탄으로 구운 다음 뜨끈뜨끈한 철판에 옮겨 담아서 주는 점이 특징이다. 소스는 양파 소스와 데미글라스 소스 중에서 선택 가능하며, 고추냉이를 추가할 수도 있다. 이 외에도 스테이크, 햄버거, 철판 비빔밥, 스튜 등 다양한 메뉴가 있다.

📍 静岡県静岡市葵区鷹匠1-1-1 新静岡セノバ5F ¥ 겐코츠 햄버그스테이크 げんこつハンバーグ ¥1,265 🕐 11:00~22:00(마지막 주문 21:00)
✖ 부정기 📞 054-251-1611 🏠 www.genkotsu-hb.com
📍 34.975570, 138.387129

시즈오카에서만 맛볼 수 있어요!

돈부리하우스 **どんぶりハウス** 🔊 돈부리하우스

잔멸치 덮밥

시즈오카시 남부에 자리한 모치무네用宗 항구의 명물은 잔멸치 덮밥이다. 신선도가 맛을 좌우하므로 항구 앞 노상에서 판매하는 덮밥을 반드시 먹어보자. 당일 잡은 신선한 잔멸치를 솥에 넣어 찐 것 또는 날것 그대로 밥 위에 얹어준다. 간이 텐트를 설치하고 테이블을 마련해두어 구매한 덮밥을 바로 먹을 수 있다.

📍 静岡県静岡市駿河区用宗2丁目18-1 ¥ 솥에 찐 잔멸치 덮밥釜揚げしらす丼 ¥700, 잔멸치회 덮밥生しらす丼 ¥700 🕐 11:00~14:00 ❌ 1~3월 매주 목요일, 우천 시 📞 054-256-6077 🧭 34.925013, 138.367 886 📍 Donburi House

로코마니 **ロコマニ** 🔊 로코마니

제철 채소 정식

JR 전철 시즈오카역 주변에 있는 채식 정식집. 제철 채소를 사용해 그날그날 다른 음식을 제공한다. 간이 세지 않아 맛이 밋밋하다고 생각할 수 있으나 재료 본연의 맛을 살려 만족할 만큼 충분히 맛있다. 밥도 현미밥과 보리가 섞인 쌀밥 중에서 선택할 수 있으며, 미소 된장국도 함께 준다.

📍 静岡県静岡市葵区鷹匠1-10-6 ¥ 로코마니 채식 플레이트ロコマニ採食プレート ¥1,320 🕐 월~토 11:30~18:00, 일 11:30~15:00 ❌ 부정기 📞 054-260-6622 🏠 rokomani.exblog.jp 🧭 34.976718, 138.388265 📍 locomani

THEME 03

쌉싸래한 녹차 잔맛을 따라
시즈오카 차 기행

일본 전국 생산량 1위에 빛나는 시즈오카 녹차静岡茶는 교토京都의 우지宇治, 사이타마埼玉의
사야마狭山와 함께 일본의 3대 녹차 중 하나로 꼽힌다. 기후 조건이 좋은 산간지방에서
주로 재배하며, 풍미가 진하고, 쓴맛과 떫은맛은 약한 고품질 찻잎을 생산한다.
지역 녹차 브랜드만 20여 개에 달하며 각각 저마다의 특징을 내세워 개발에 힘쓰고 있다.
찻잎을 이용한 음식도 맛볼 수 있으니 다채롭게 즐겨보자.

나나야 ななや ◀)) 나나야

7단계 녹차 맛

녹차를 갈아 분말로 만든 것을 말차抹茶라고 하는데, 일본에는 말차로 만든 다양한 음식이 있다. 나나야는 말차를 이용한 디저트 전문점으로 숫자가 높아질수록 맛이 진해지는 7단계의 젤라토와 초콜릿이 유명하다. 새롭게 등장한 호지차, 현미차, 홍차, 우유 맛과 함께 즐겨보자.

📍 静岡県静岡市葵区呉服町2-5-12 ￥ 젤라토ジェラート ￥350~520 🕐 11:00~19:00
❌ 수요일(공휴일인 경우 영업) 📞 054-251-7783 🏠 www.nanaya-matcha.com
📡 34.973445, 138.382376 🔎 나나야 아이스크림

차마치 킨자부로 茶町KINZABURO ◀)) 차마치킨자부로

녹차 맛 와플

2가지 이상의 녹차를 블렌딩한 녹차를 선보이는 전문점으로 산지와 품종을 엄선해 전문가의 철저한 연구 아래 만들어낸다고 자부한다. 이곳에서 개발한 녹차 맛 와플 '차플茶っふる'은 2층 공간에서 11가지 무료 녹차와 함께 맛볼 수 있다.

📍 静岡県静岡市葵区土太夫町27 ￥ 차플茶っふる ￥120~150 🕐 월~토요일 09:30~18:00,
일요일 10:00~17:00 ❌ 수요일 📞 054-252-2476 🏠 www.kinzaburo.com
📡 34.978280, 138.373664 🔎 Kinzaburo Teashop

마루젠 MARUZEN 🔊 마루젠

녹차의 배전 온도를 직접 선택할 수 있는 녹차 전문점. 온도마다 녹차 맛이 달라지는 점에서 착안해 탄생했으며, 80~200℃까지 선택할 수 있다. 가게 내부에 설치된 배전 공방에서 주문을 받은 즉시 녹차를 배전한다. 녹차뿐만 아니라 젤라토도 온도별로 선택할 수 있다.

📍 静岡県静岡市葵区呉服町2-2-5 ¥ 핸드 드립 티ハンドドリップティー ¥510, 젤라토ジェラート 싱글 ¥460, 더블 ¥720 🕐 11:00~18:00 ❌ 화요일 📞 054-204-1737 🏠 www. maruzentearoastery.com 📍 34.974702, 138.382029 🔎 MARUZEN Tea Roastery

차10 CHA10 🔊 차텐

세련된 인테리어가 눈에 띄는 현대적인 감각의 녹차 전문점. 말차에 우유나 두유를 넣은 말차 라테, 셰이크 스타일의 말차 프로즌, 말차에 질소를 넣어 부드러운 맛을 내는 나이트로 말차 등 메뉴도 보통 전문점과는 차별화했다. 커피와 홍차 메뉴도 판매한다.

📍 静岡県静岡市葵区鷹匠1-11-6 ¥ 말차 라테抹茶ラテ S ¥550, M ¥650 🕐 09:00~17:00 ❌ 화요일 📞 054-204-2210 🏠 www.cha10.jp 📍 34.976422, 138.387891

제3의 도시에서 즐기는 멋과 맛
나고야
名古屋

도쿄, 오사카와 함께 일본의 3대 도시로 꼽히는 나고야는 일본 정중앙에 위치하며 동일본, 서일본 어디서도 속하지 않아 독자적인 역사와 문화를 구축한 재미난 도시다. 일본 제조업을 말할 때 통칭하는 단어 '모노즈쿠리ものづくり'는 장인 정신을 기반으로 최고의 제품을 만들어낸다는 가치관을 뜻한다. 이러한 정신을 바탕으로 최첨단 산업을 이끄는 선봉에 나고야가 있다. 자동차를 대표하는 토요타부터 시작해 제조업 발전에 큰 공헌을 한 철도, 항공기, 세라믹 등의 분야가 탄생한 곳이며, 역사에 길이 남을 지도자도 다수 배출해 과거에 화려한 시절을 보낸 바 있다. 또 도자기와 같은 전통문화, 독특하면서도 입맛을 당기는 식문화 등 다방면으로 즐길 거리가 풍부하다.

나고야

베스트 시즌

사계절 언제나

관광안내소

· **주소** 愛知県名古屋市中村区名駅1-1-4
· **시간** 08:30~19:00
· **휴무** 12월 29일~1월 1일

찾아가기

Access

ⓞ 인천 국제공항

직항 ⓣ 1시간 50분

ⓞ 추부中部 공항

전철 ⓣ 28~33분

ⓞ 메이테츠名鉄 나고야名古屋역

Train

JR 전철, 메이테츠名鉄, 지하철 나고야名古屋역

나고야
상세지도

나고야성
名古屋城

토요타 산업 기술 기념관
トヨタ産業技術記念館

문화의 길
文化のみち

노리타케의 숲
ノリタケの森

릿치(에스카지하상가 내)
喫茶 リッチ

시케미치
四間道

하브스(본점, 센트럴파크빌딩 2F)
HARBS Sakae Main Store

🚌 나고야역 버스 정류장

코메다 커피
(나고야역 서쪽출구점)
コメダ珈琲店

🚃 JR 메이테츠 나고야역

에비스야(본점)
えびすや

센주(킨테츠 나고야역점)
千寿

히로코지사카에
広小路栄

후라이보
(후시미에키점)
風来坊

리용
モーニング喫茶 リヨン

야마모토야 소혼케
山本屋総本家

나고야시 과학관
名古屋市科学館

나고야시 미술관
名古屋市美術館

오스칸논
大須観音

오스 상점가
大須商店街

추부 공항
✈

나고야에선 어떻게 이동할까

여행자가 주로 이용하는 교통수단은 나고야시 교통국에서 운행하는 버스와 지하철이다. 이 가운데 여행자를 위한 관광버스 '메구루メーグル'는 관광 명소 위주로 구성한 노선이 특징이다. 메구루가 정차하지 않는 명소는 지하철을 이용하면 된다.

¥ 메구루 1회 일반 ¥210, 어린이 ¥100/ **지하철** 1회 일반 ¥210~340(구간마다 상이), 어린이 ¥100~170

유용한 승차권 메구루 メーグル P.074　쇼류도 나고야 1Day 패스 P.086

토쿠가와엔
德川園

토쿠가와 미술관
徳川美術館

나고야시 시정 자료관
名古屋市市政資料館

미라이 타워(나고야 TV 타워)
MIRAI TOWER

● 테마 01. 메구루 버스 여행

● 테마 02. 나고야 미식 여행

● 테마 03. 나고야의 킷사텐

오아시스 21
OASIS 21

나고야 시내 남부

(도니치 에코 티켓)
시로토리 정원
白鳥庭園

(도니치 에코 티켓)
아츠타 신궁

야바톤
(야바초본점)
矢場とん

아츠타호라이켄(본점)
あつた蓬莱軒

0　　230m

THEME 01

메구루 타고 떠나는 나고야 시내 여행

만약 나고야 여행에 관한 사전 지식 없이 현지에 도착한 여행자라면 이것 하나만 기억하자. 일단 나고야역 앞 버스 터미널에서 '메구루' 버스를 탄 다음 운전기사에게 1일 승차권을 구매하고, 정류장마다 하차해 눈앞에 보이는 명소로 향하자. 가이드북을 펼쳐 명소에 관한 설명을 읽으며 둘러보면 만사 OK!

메구루 メーグル
나고야 시내의 관광 명소 위주로 운행하는 버스로 나고야성, 나고야 TV 타워, 노리타케의 숲 등 관광객이 반드시 방문하는 굵직한 명소를 손쉽게 둘러볼 수 있다. 버스로 약 1시간 30분이면 나고야 시내를 한 바퀴 돌 수 있어 시간이 빠듯한 여행자에게도 좋다. 3회 이상 승차 시 1일 승차권이 이득이므로 운전기사에게 구매하자. 나고야시 IC 교통 카드 '마나카ﾏﾅｶ'와 나고야시 교통국에서 발행하는 '도니치 에코 티켓ﾄﾞﾆﾁｴｺきっぷ'으로도 승차할 수 있다. 1일 승차권 소지 시 인기 음식점과 기념품점의 다양한 특전이 주어진다.

🕐 화~일요일 운행(평일은 30분~1시간에 1회, 주말과 공휴일은 20~30분에 1회) ❌ 월요일·12월 29일~1월 3일 ¥ 1회 일반 ¥210, 어린이 ¥100/ 1일 자유 승차권 일반 ¥500, 어린이 ¥250 🏠 www.nagoya-info.jp/ko/useful/meguru

메구루 운행 노선

나고야역(나고야역 버스 터미널 11번 정류장) 출발 → ❶ 토요타 산업 기술 기념관 → ❷-A 노리타케의 숲 서쪽 → ❸ 시케미치 → ❹ 나고야성 → ❺ 나고야성 동쪽·시청 → ❻ 토쿠가와엔·토쿠가와 미술관·호사분코 → ❼ 문화의 길·후타바관 → ❽ 시정 자료관 앞(나고야시 시정 자료관) → ❾ 추부전력 미라이 타워(나고야 TV 타워) → ❿ 히로코지사카에 → ⓫ 히로코지후시미(나고야시 과학관) → ❹ → ❸ → ❷-B 노리타케의 숲 → ❶ → 나고야역 도착

요타 산업 기술 기념관
ﾖﾀ産業技術記念館

토쿠가와엔·토쿠가와 미술관·호사분코
徳川園·徳川美術館·蓬左文庫

나고야성
名古屋城

나고야성 동쪽·시청
名古屋城東·市役所

1

2-A

2-B 노리타케의 숲
ノリタケの森

4

5

6

문화의 길·후타바관
文化のみち二葉館
7

3 시케미치
四間道

8 시정 자료관 앞(나고야시 시정 자료관)
市政資料館南

나고야역

9 나고야 TV 타워(미라이 타워)
名古屋テレビ塔

사카에역

후시미역

11

10

히로코지후시미(나고야시 과학관)
広小路伏見

히로코지사카에
広小路栄

일정이 여유롭다면? 메구루를 타고 이곳도!

❸ 시케미치 四間道

나고야성 축성과 함께 조성된 상인의 거리로 오랜 건축물이 즐비해 옛 시절의 모습이 그대로 남아 있다.

❼ 문화의 길 文化のみち

나고야성부터 토쿠가와엔 일대를 이르는 길. 예부터 내려온 역사적 건축물부터 근대화를 나타내는 건물들이 모여 있어 산책을 즐기기에 좋다.

❿ 히로코지사카에 広小路栄

나고야의 대표적인 상업 지구. 미츠코시三越, 마츠자카야松坂屋, 파르코 PARCO 등 유명 백화점과 상업 시설이 길게 줄지어 있다.

시케미치

문화의 길

히로코지사카에

토요타 산업 기술 기념관 トヨタ産業技術記念館 ◀» 토요타산교기주츠키넨칸

일본 제조업의 근간

나고야를 상징하는 단어 '모노즈쿠리モノづくり'를 체험할 수 있는 박물관으로 일본의 자동차 브랜드 토요타 그룹トヨタグループ이 운영한다. 브랜드의 모태인 구 토요타 방적 주식회사의 공장을 그대로 활용해 일본 근대화를 주도했던 산업 기술의 변모를 소개한다. 공장은 정부에서 지정한 근대화 산업 유산으로 등재되어 있다. 일본 발전의 기반이 된 섬유 기계와 현대 일본 제조업의 대표 격인 자동차를 실제 사용하던 실물 제품으로 재현하며 알기 쉽게 설명한다. 나고야를 넘어 일본 산업의 자부심이 오롯이 느껴지는 곳.

📍 愛知県名古屋市西区則武新町4-1-35 ¥ 일반 ¥500, 중·고등학생 ¥300, 초등학생 ¥200, 65세 이상 ¥300/ 노리타케의 숲 공통권 ¥800 🕘 09:30~17:00(마지막 입장 16:30) ⊗ 월요일·연말연시 📞 052-551-6115 🏠 www.tcmit.org ◎ 35.182759, 136.876581

노리타케의 숲 *ノリタケの森* ◁) 노리타케노모리

식기 브랜드의 테마파크

한국에서도 알 만한 사람은 다 아는 유명 도자기 브랜드 노리타케 *ノリタケ*가 창립 100주년을 기념해 설립한 종합 시설이다. 일본 서양 식 식기의 역사가 시작된 붉은 벽돌 건물은 1904년에 지은 공장으로 1975년까지 사용되었다고 한다. 푸른 자연에 둘러싸인 드넓은 부지에는 노리타케의 기술과 제품을 소개하는 웰컴 센터를 비롯해 도예, 조각, 회화 등 예술 작품을 전시한 갤러리, 도자기의 제조 공정을 소개하는 크래프트 센터, 역사와 문화적으로 가치가 높은 작품을 전시한 노리타케 뮤지엄 등을 운영하고 있다. 노리타케의 식기를 중심으로 한 라이프스타일 숍과 음식점도 들어서 있다.

📍 愛知県名古屋市西区則武新町3-1-36 ✂ 크래프트 센터·노리타케 뮤지엄 일반 ¥500, 65세 이상 ¥300, 고등학생 이하 무료/ 토요타 산업 기술 기념관 공통권 ¥800 🕐 10:00~17:00 ❌ 월요일(공휴일인 경우 다음 날)· 연말연시 📞 052-561-7290 🏠 www.noritake.co.jp 🎯 35.179893, 136.881581

나고야성 정문

메구루 운행 루트 **4**

나고야성 名古屋城 ◀》 나고야죠오   나고야의 상징 그 자체

1603년부터 260년간 지속된 에도 막부 시대를 연 장군 토쿠가와 이에야스德川家康가 정치적 라이벌인 토요토미 히데요시豊臣秀吉 진영의 공격을 막기 위한 방비책으로 1609년에 축성했다. 훗날 이에야스의 아홉째 아들이자 이 지역 영주 요시나오義直가 입성하면서 토쿠가와 가문의 거성으로 번영했으며, 성을 중심으로 조성된 바둑판 구조의 거리는 현재 나고야의 원형이기도 하다. 성곽 건축으로는 처음으로 국보로 지정될 만큼 역사적 가치를 인정받았으나 제2차 세계 대전의 공습으로 주요 시설이 소실되었다. 1959년 천수각 재건을 시작으로 일반인에게 개방되었으며, 2018년에 10년간의 공사 끝에 영주의 주거 공간과 정무 관청으로 사용되던 혼마루 어전本丸御殿을 복원해 공개했다. 현재 천수각은 노후화로 복원이 진행되고 있어 안타깝게도 내부 입장이 불가능하다. 대신 건축과 미술사에 길이 남을 건물이 될 혼마루 어전과 중요 문화재로 지정된 망루와 문은 꼭 둘러보자.

📍 愛知県名古屋市中区本丸1-1 ￥ 일반 ¥500, 중학생 이하 무료/ 토쿠가와엔 공통권 ¥640 🕐 09:00~16:30(마지막 입장 16:00) ❌ 12월 29일~1월 1일 📞 052-231-1700 🏠 www.nagoyajo.city.nagoya.jp
📍 35.185682, 136.901336

TIP 킨샤치 金シャチ

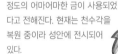

천수각 기와에 걸려 있던 금색 킨샤치는 나고야의 명물로 자리 잡은 장식물이다. 머리는 호랑이, 몸은 물고기인 상상의 동물 샤치는 물을 부르는 주술적인 의미를 담고 있어 이것을 금으로 만든 다음 화재 방지 차원에서 걸어두었다고 한다. 가문의 권력과 재력을 과시하고자 돈으로 환산하기 어려울 정도의 어마어마한 금이 사용되었다고 전해진다. 현재는 천수각을 복원 중이라 성안에 전시되어 있다.

혼마루 어전

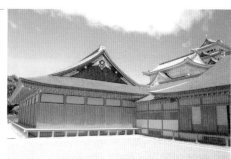

혼마루 어전

TIP **동남 스미야구라** 東南隅櫓
적의 침입을 감시하여 방어하고자 설치한 망루로
동남과 서남 두 곳에 설치되어 있다.

동남 스미야구라

자연의 아름다움을 새긴 전통 정원
토쿠가와엔 德川園 ◀) 토쿠가와엔

1695년 토쿠가와 이에야스의 손자 토쿠가와 미츠토모
德川光友가 은거처로 마련한 저택을 정비해 도시공원으
로 조성했다. 13만 평에 이르는 넓은 정원은 바다를 본
뜬 연못을 중심으로 일본 전통 양식을 띠고 있다. 울창
한 나무와 어우러지도록 입체적으로 배치한 정원석, 계
절의 변화를 말해주는 꽃들과 자그마한 폭포까지 소소
한 볼거리를 제공한다.

📍 愛知県名古屋市東区徳川町1001 ¥ 일반 ¥300, 중학생 이
하 무료 🕐 09:30~17:30(마지막 입장 17:00) ❌ 월요일·12월
29일~1월 1일 📞 052-935-8988 🏠 www.tokugawaen.
aichi.jp 🌐 35.184497, 136.932977 🔍 도쿠가와원

함께 들르면 좋은 곳

토쿠가와 미술관 德川美術館 ◀) 토쿠가와비주츠칸 정원 옆 미술관

토쿠가와엔 바로 옆에 있다. 토쿠가와 이에야스의 유품
을 비롯해 이에야스 가문의 애장품과 사용 도구 등 약
11만 점의 소장품 중 일부를 상설 전시한다.

📍 愛知県名古屋市東区徳川町1017 ¥ 일반 ¥1,400, 고
등·대학생 ¥700, 초·중학생 ¥500 🕐 10:00~17:00(마지
막 입장 16:30) ❌ 월요일(공휴일인 경우 다음 날)
📞 052-935-6262 🌐 www.tokugawa-art-museum.jp
🌐 35.183909, 136.933245

중앙 계단실

메구루 운행 루트 8

중요 문화재를 모아둔 자료관

나고야시 시정 자료관 名古屋市市政資料館

◀⋙ 나고야시시테에시료오칸

국가 지정 중요 문화재로 등재된 구 나고야 공소원, 지방 재판소, 재판소 청사를 보존, 전시한 공간으로 옛 공문서와 시정 자료도 수집해 공개하고 있다. 총 3층으로 이루어진 자료관 건물 내부에서 주목해야 할 부분은 역시 국가 지정 문화재. 현관으로 들어서자마자 보이는 중앙 계단실, 회의실로 사용했던 2층 제2 상설 전시실, 옛 재판 풍경을 재현한 3층 사법 전시실은 빼놓지 말고 둘러보자.

📍 愛知県名古屋市東区白壁1-3 ¥ 무료 🕘 09:00~17:00
❌ 월요일(공휴일인 경우 다음 날)·셋째 주 목요일(공휴일인 경우 넷째 주)·12월 29일~1월 3일 📞 052-953-0051
🌐 35.181230, 136.909825

메구루 운행 루트 **9**

새롭게 변신한 TV 타워
미라이 타워 MIRAI TOWER 🔊 미라이타와

1954년에 탄생한 일본 최초의 집약 전파 탑으로 90m 높이의 덱과 100m 높이의 발코니를 갖춘 전망대로도 큰 인기를 누렸다. 66년간 나고야 TV 타워名古屋テレビ塔라는 이름으로 많은 사랑을 받다 약 1년 반의 보수 공사를 거쳐 미라이 타워로 새롭게 탈바꿈했다. 최상부의 전망 시설은 그대로 둔 채 1층은 이벤트 공간을 겸한 카페, 2층은 주변 공원을 조망하는 음식점, 3층은 미술관, 오락 시설, 기념품 숍이 자리한 공간, 4층과 5층은 디자인 호텔로 구성해 예전과는 달라진 모습으로 손님을 맞이하고 있다.

📍 愛知県名古屋市中区錦3-6-15 ¥ 고등학생 이상 ¥1,300, 초·중학생 ¥800, 미취학 아동 무료 🕐 일~금 10:00~21:00(마지막 입장 20:40), 토 10:00~21:40(마지막 입장 21:20) ❌ 부정기 📞 052-971-8546 🏠 www.nagoya-tv-tower.co.jp
🌐 35.172361, 136.908327 🔍 나고야 TV 탑

미라이 타워 전망대 풍경

─ 함께 들르면 좋은 곳 ─

오아시스 21 OASIS 21 ◀》오아시스니주우이치   환상적인 공중 산책

미래 우주선을 타고 온 것 같은 신비로운 분위기를 자아내며, 미라이 타워가 가장 아름답게 보이기도 하는 오아시스 21은 나고야의 대표적인 풍경으로 꼽힌다. 지하철로 연결되는 지하상가 '은하 광장銀河の広場', 1층 버스 터미널, 지상층 '녹색 대지緑の大地', 옥상층 '물의 우주선水の宇宙船'으로 구성된 복합 시설로 먹거리, 쇼핑, 휴식, 관광을 한 방에 해결할 수 있다. 높이 14m의 전면 유리로 이루어진 물의 우주선은 중앙부에 인공 연못이 조성되어 있고 그 주변을 걸으며 공중 산책을 즐길 수 있다.

오아시스 21 옥상층

♥ 愛知県名古屋市東区東桜1-11-1 ¥ 무료 ● 물의 우주선 10:00~21:00, 녹색 대지 24시간, 은하 광장 06:00~23:00, 상점 10:00~21:00, 음식점 10:00~22:00
✖ 점포마다 상이 ☏ 052-962-1011 ♠ www.sakaepark.co.jp ⊙ 35.170919, 136.909669

나고야시 과학관 名古屋市科学館 🔊 나고야시카가쿠칸

과학의 세계로 출발

과학의 원리와 응용을 이해하고자 마련한 과학관으로 세계에서 가장 큰 천체 투영관 '플라네타륨'을 보유하고 있다. 기초부터 최첨단까지 과학 기술을 전시한 '이공관理工館', 천문 지식과 현상에 대해 실연과 천체 투영을 통해 소개하는 '천문관天文館', 생명이란 무엇인지 다양한 각도에서 조명한 '생명관生命館'으로 구성되어 있다. 회오리, 오로라, 전기 에너지를 큰 규모로 전시한 부분은 이곳의 자랑거리.

📍 愛知県名古屋市中区栄2-17-1 ¥ 전시실 일반 ¥400, 고등·대학생 ¥200/ 전시실과 플라네타륨 일반 ¥800, 고등·대학생 ¥500/ 나고야시 미술관 공통권 ¥500, 중학생 이하 무료 🕐 09:30~17:00(마지막 입장 16:30) ❌ 월요일(공휴일인 경우 다음 날)·셋째 주 금요일(공휴일인 경우 넷째 주)·12월 29일~1월 3일 📞 052-201-4486 🏠 www.ncsm.city.nagoya.jp
📍 35.164900, 136.899152

오스 상점가 大須商店街 ◀) 오오스쇼오텐가이　　　나고야 시민의 놀이터

오스칸논 앞 거리를 시작으로 총 8개 거리에 1,200여 개의 상점이 모여 있는 나고야 최대 규모의 상점가. 맛있는 길거리 음식부터 다채로운 쇼핑을 즐길 수 있는 각종 점포가 즐비하다. 히가시 니오몬東仁王門 거리 광장에 설치된 초대형 손 흔드는 고양이 '마네키네코招き猫'가 상징.

📍 愛知県名古屋市中区大須3-26 🕐 점포마다 상이
🏠 osu.co.jp 📞 35.159047, 136.903373

나고야시 미술관 名古屋市美術館 ◀) 나고야시비주츠칸　　　공원 속 예술의 장

나고야가 배출한 유명 건축가 쿠로카와 키쇼黒川紀章가 설계한 미술관. 상설전에서는 나고야를 중심으로 활동했던 예술가들의 작품을 비롯해 1910~1930년대 프랑스 회화, 20세기 전반 멕시코의 근대 미술, 미술관이 문을 연 1980년대 현대 미술 작품을 수집해 전시하고 있다.

📍 愛知県名古屋市中区栄2-17-25 💰 특별전마다 상이. 상설전 일반 ¥300, 고등·대학생 ¥200, 중학생 이하 무료
🕐 화~목·토·일요일 09:30~17:00(마지막 입장 16:30), 금요일 09:30~20:00(마지막 입장 19:30) ❌ 월요일(공휴일인 경우 다음 날)·12월 29일~1월 3일 📞 052-212-0001
🏠 www.art-museum.city.nagoya.jp 📞 35.163953, 136.901068

오스칸논 大須観音 ◀) 오오스칸논　　　상점가 사이 숨은 사찰

나고야시 북쪽 미노美濃 지역에 있던 사찰을 1612년 토쿠가와 이에야스의 지시로 현재 자리로 옮겼다. 태평양전쟁으로 소실되었다가 1970년 현재의 형태로 재건되었다. 정식 명칭은 신푸쿠지호쇼인真福寺宝生院이지만 오스칸논이라는 이름으로 더 많이 알려져 있다.

📍 愛知県名古屋市中区大須2-21-47 💰 무료 🕐 24시간
📞 052-231-6525 🏠 www.osu-kannon.jp
📞 35.159840, 136.899434

쇼류도 나고야 1Day 패스를
구매했다면?

아츠타 신궁 熱田神宮 ◀) 아츠타진구

거대한 녹음 속 신궁

천 년이 넘는 수령의 녹나무를 시작으로 녹음이 우거진 숲길 사이에 자리하고 있다. 1,900년이라는 오랜 역사를 지닌 신사로, 고대부터 내려오는 3가지 보물 중 하나인 쿠사나기신검草薙神剣을 모시고 있어 조정과 무장의 숭배를 받아왔다. 매년 700만여 명이 방문해 주말이나 특별한 날은 기나긴 참배 행렬이 이어지며, 특히 경내 가장 끝자락에 있는 본궁 뒤 이치노미사키 신사一之御前神社를 가장 신성하다고 여겨 이곳을 참배하는 이도 많다. 신사 오른편에 있는 마음의 오솔길こころの小径에는 자그마한 샘이 있는데, 이 물로 얼굴을 씻으면 세계 3대 미인인 양귀비처럼 아름다워진다고 해 참배객에게 인기가 많다.

📍愛知県名古屋市熱田区神宮1-1-1 　¥무료 　🕐24시간
❌연중무휴 　📞052-671-4151 　🏠www.atsutajingu.or.jp
📷35.125567, 136.908970

나고야 시내 버스와 지하철, 메구루 버스를 하루 동안 무제한 승하차할 수 있는 1일 승차권으로 일정에 아츠타 신궁과 시로토리 정원을 추가한다면 이 티켓을 권장한다.

📍 **구입장소** 추부국제공항 내 센트럴 재팬 트래블 센터, 메이테츠 트래블 플라자, 지하철 나고야역, 사카에역, 카나야마역, 오아시스 21 i센터, 카나야마 관광안내소(구매 시 여권 제시 필수)
¥ 일반 ¥620, 1인당 최대 2장까지 구매 가능

시로토리 정원 白鳥庭園 🔊 시로토리테에엔   연못을 잔잔히 거닐다

나고야가 위치한 추부中部 지방의 지형에서 영감을 얻어 산에서 흘러내린 물이 강이 되어 바다로 나가는 흐름을 테마로 한 지천회유식 정원이다. 참고로 지천회유식이란 연못 주변에 산책길이 있는 정원을 뜻하며, 일본의 대표적인 전통 정원 양식이다. 계절의 변화를 뚜렷하게 느낄 수 있는 시로토리 정원은 언제 방문해도 아름다운 풍경을 선사한다. 정원 중앙에 마련된 다실에서는 말차, 홍차, 커피 등의 음료와 과자, 일본식 디저트, 케이크 등을 선보여 경치를 감상하며 휴식을 취할 수 있다.

📍 愛知県名古屋市熱田区熱田西町2-2-5 ¥ 일반 ¥300, 중학생 이하 무료 🕐 09:00~17:00(마지막 입장 16:30) ❌ 월요일(공휴일인 경우 다음날), 12월 29~1월 3일 📞 052-681-8928 🏠 www.shirotori-garden.jp 🧭 35.126138, 136.901055 🔍 백조정원

'나고야메시'를 따라서
나고야 미식 여행

나고야는 입이 즐거운 여행지다. 나고야의 음식을 일컫는 '나고야메시なごやめし'란 말이 따로 있을 만큼 전통적인 향토 요리부터
다양한 문화가 섞인 창작 요리까지 그 어떤 미식 도시에도 뒤지지 않는 화려한 라인업을
갖추었다. 나고야메시는 나고야에서 시작한 음식만을 일컫는 말은 아니다.
타 지역에서 유래했으나 나고야로 유입된 것을 발전시켜 독자적인 진화를 이끌어낸 음식도 포함한다.

아츠타호라이켄 あつた蓬莱軒 ◀»)아츠타호오라이켄   ✕ 히츠마부시 ひつまぶし

일본 전국에서 장어 생산량으로 손꼽히는 아이치愛知 현답게 대표 요리 역시 장어로 만든 히츠마부시다. 장어를 잘게 썰어 찐 다음 양념을 발라서 구워 밥 위에 얹은 것으로, 1873년 문을 연 아츠타호라이켄이 이 음식을 탄생시킨 선구자다. 히츠마부시는 먼저 사등분해 처음에 본연의 맛을 음미하고, 두 번째는 함

께 주는 파, 김, 고추냉이를 얹어 먹고, 세 번째로 녹차를 부어 오차즈케로 먹은 다음, 마지막에는 가장 좋았던 방식으로 먹는 것이 이곳의 추천 방식이다.

📍 愛知県名古屋市熱田区神戸町503 ¥ 히츠마부시ひつ
まぶし ¥4,600, 장어 덮밥鰻丼 ¥3,100 🕐 11:30~14:30
(마지막 주문 14:00), 16:30~21:00(마지막 주문 20:30)
✖ 수요일·둘째 주 넷째 주 목요일(공휴일인 경우 영업)
📞 052-671-8686 🏠 www.houraiken.com
🎯 35.120215, 136.906884

야바톤 矢場とん ◀»)야바톤   ✕ 미소카츠 味噌かつ

미소카츠는 콩 누룩을 넣은 미소 된장 '마메미소豆味噌'가 발달한 나고야에서 탄생한 요리다. 1940년대 포장마차에서 커틀릿 꼬치를 마메미소로 만든 소스에 찍어 먹은 데서 착안했다. 야바톤은 맛있기로 소문난 남큐슈南九州 지역의 돼지고기와 천연 양조한 마메미소를 사용해 미소카츠 하면 떠오르는 대표 주자다. 2가지 빵가루를 조합해 폭신하면서도 바삭한 식감이 느껴지는 맛이 특징이다.

📍 야바초본점 愛知県名古屋市中区大須3-6-18 ¥ 철판 톤카츠
(미소카츠) 鉄板とんかつ ¥1,500 🕐 11:00~21:00 ✖ 연중무휴
📞 052-252-8810 🏠 www.yabaton.com
🎯 35.161693, 136.906238

야마모토야 소혼케 山本屋総本家 ◀)) 야마모토야소혼케   ✕ 미소니코미 우동 みそ煮込みうどん

밀가루와 물만으로 만든 생면을 미소 된장 육수에 푹 끓여낸 우동. 진득한 풍미가 면에 잘 스며든 단단한 면발을 자랑하며, 어묵, 달걀, 유부, 닭고기, 파 등 다양한 재료를 넣어 풍부한 맛을 느낄 수 있다. 1949년에 문을 열어 미소니코미 우동의 대표 격으로 자리 잡은 야마모토야의 우동은 테이블마다 비치된 기다란 봉 속 고춧가루를 첨가해 먹기를 권장한다.

📍 본가점 愛知県名古屋市中区栄3-12-19 ✙ 후츠니코미 우동普通煮込み
うどん ¥1,210 🕐 11:00~16:00(마지막 주문 15:30) ✕ 화·수요일
📞 052-241-5617 🏠 www.yamamotoya.co.jp ◎ 35.165996,
136.904558

> 미소니코미 우동에는
> 고춧가루를 솔솔 뿌려 드세요~

후라이보 風来坊 ◀)) 후우라이보오   ✕ 테바사키 手羽先

밑간을 한 닭 날개를 저온과 고온에서 두 번 튀긴 다음 소스를 발라낸 요리다. 나고야 시내에만 30여 개 지점을 운영 중인 후라이보가 이 메뉴를 만들어낸 주인공. 닭고기 유입이 어려웠던 1950년대에 닭 날개를 들여와 조리한 것이 먹혀들면서 인기 음식으로 급부상했다. 날개 끝부분 관절을 잘라내고 그대로 입에 넣어 씹으면 뼈를 발라내기 쉽다고 하니 참고하자.

📍 후시미에키점 愛知県名古屋市中村区椿町6-9 ✙ 원조 테바사키 카라아게元祖! 手羽先唐揚げ
¥570 🕐 11:00~22:00 ✕ 부정기 📞 052-459-5007 🏠 www.furaibou.com
◎ 35.169432, 136.88081

에비스야 えびすや ◀》 에비스야　　　　　　　　　　✖ 키시멘 きしめん

매끈하면서 얇고 넓은 면이 특징으로 주르르 넘어가는
식감이 매력적인 면 요리 키시멘. 밀가루, 물, 소금으로
면을 만드는 방식은 우동과 흡사하나 면을 얇게 펼치는
것은 장인의 기술을 필요로 하는 작업이다. 가다랑어포
를 베이스로 한 간장 육수에 새우튀김, 파, 시금치 등을
토핑해 제공한다. 사카에※ 지역의 노포로 제대로 된 정
통 키시멘을 선보이는 에비스야를 추천.

📍 愛知県名古屋市中区錦3-20-7 ✖ 키시멘きしめん ¥850,
에비오로시えびおろし ¥1,500 🕐 월~금요일 11:00~01:00,
토요일·공휴일 11:00~21:00 ❌ 일요일 📞 052-961-3412
🌐 35.170371, 136.902888 🔎 에비스야 혼텐

센주 千寿 ◀》 센쥬　　　　　　　　　　　✖ 텐무스 天むす

자그마한 새우튀김을 감싼 한입 크기의 주먹밥 텐무스
는 간편한 식사나 간식으로 즐겨 먹는 나고야의 명물이
다. 새우, 김, 밥으로 재료 구성은 심플하지만 좋은 재료
를 사용해 본연의 맛을 제대로 느낄 수 있다. 머위를 간
장에 조린 '캬라부키きゃらぶき'와 함께 먹는 것이 정석. 나
고야 시내 곳곳에 지점을 보유한 센주는 최고급 재료만
을 사용해 차가워도 맛있는 텐무스를 제공한다.

📍 킨테츠 나고야역점 愛知県名古屋市中村区名駅1-2-2
✖ 텐무스 5개 세트 ¥810 🕐 08:00~21:00 ❌ 연중무휴
📞 052-583-1064 🏠 www.tenmusu.com
🌐 35.169913, 136.883083 🔎 텐무스 센주

하브스 HARBS ◀》 하아부스　　　　　　　　✖ 케이크 ケーキ

나고야가 자랑하는 디저트 전문점. 매일 손수 만든 신
선한 케이크가 입소문을 타고 좋은 반응을 얻으면서 나
고야를 넘어 전국구 브랜드로 발돋움했다. 얇게 구워낸
반죽에 과일과 크림을 더해 밀푀유처럼 겹겹이 쌓아 올
려 완성하는 '밀크레이프ミルクレープ'가 대표 메뉴. 이 외
에도 매달 제철 재료를 사용한 다채로운 메뉴를 선보이
며 질리지 않는 맛을 추구한다.

📍 본점 愛知県名古屋市中区錦3-6-17 HIROKOJI CENTER
PLACE 2F ✖ 밀크레이프ミルクレープ ¥980 🕐 11:00~
20:00(마지막 주문 19:30) ❌ 부정기 📞 052-962-9810
🏠 www.harbs.co.jp 🌐 35.171912, 136.907756

아침을 맞이하는 찻집
나고야의 일상, 킷사텐

일본식 다방인 '킷사텐喫茶店'의 연간 이용 금액이 전국 평균치의 3배에 달하는 나고야.

나고야의 킷사텐 문화는 예부터 왕성했던 다도 문화의 연장선상으로 발달한 것이라 한다.

이른 아침 고요한 분위기 속에서 조용히 책이나 신문을 읽으며 하루를 시작하는

나고야 사람들의 루틴을 그대로 따라 하고 싶다면 킷사텐의 '모닝モーニング' 서비스를 즐겨보자.

커피를 주문하면 토스트나 삶은 달걀을 덤으로 주는 것인데, 가게마다 서비스가 다르다.

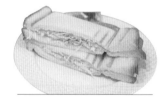

하루 종일 아침 식사를
리용 モーニング喫茶 リヨン
◀) 리용

영업시간 내내 모닝 서비스를 제공해
인기가 높은 킷사텐으로 특히 주말
이나 공휴일이면 아침부터 기다란 대
기 행렬을 이룬다. 커피나 홍차, 코코
아 등의 음료를 주문하면 토스트, 달
걀, 샌드위치 등으로 구성된 6가지 서
비스 중에서 한 가지를 선택할 수 있
다. 샌드위치는 단팥 앙금, 피넛 크림,
채소 샐러드, 감자 샐러드 등 종류도
다양하다. 전체 흡연석인 점이 아쉬운
부분.

📍 愛知県名古屋市中村区名駅南1-24-
30 ¥ 모닝 서비스 ¥450~ ⏰ 08:00~
16:00 ❌ 부정기 📞 052-551-3865
📷 35.167435, 136.885692 🔍 Riyon
coffee shop

지하상가 속 조용한 휴식
릿치 喫茶 リッチ
◀) 릿치

일본에서 지하상가가 처음 만들어진
곳이 나고야다. 현재도 변함없이 자리
를 지키고 있는 지하상가에는 맛집이
포진해 있는데 릿치도 그중 한 곳이
다. 아침 7~10시 사이에 제공하는 모
닝 서비스는 커피, 주스, 맥주 등 음료
를 고르면 버터 토스트, 삶은 달걀, 요
거트가 함께 나오는 구성. 단팥 앙금
과 생크림을 조합한 '오구라 토스트小
倉トースト'도 인기 메뉴다.

📍 愛知県名古屋市中村区椿町6-9 エス
カ地下街 ¥ 모닝 서비스 ¥550~, 오구
라 토스트小倉トースト ¥660 ⏰ 07:00
~19:30 ❌ 부정기 📞 052-452-3456
📷 35.171039, 136.879891 🔍 Esca
Underground

나고야에서 탄생한 카페
코메다 커피 コメダ珈琲
◀) 코메다코오히

나고야에서 시작된 유명 카페 체인점.
전국 어디에서나 쉽게 찾아볼 수 있을
만큼 지점이 많다. 나고야의 모닝 서
비스를 전국으로 확대해 선보이고 있
는데, 오전 11시까지는 어떤 음료를
주문해도 토스트를 함께 제공한다.
더불어 삶은 달걀, 토스트에 발라 먹
는 달걀 페이스트, 단팥 앙금 중 하나
를 고를 수 있으며, 추가 요금을 내면
미니 샐러드도 주문할 수 있다.

📍 愛知県名古屋市中村区則武2-3-16
¥ 모닝 서비스 ¥460~, 미니 샐러드ミニサ
ラダ ¥260 ⏰ 07:00~21:00 ❌ 부정기
📞 052-414-6721 🏠 www.komeda.
co.jp 📷 35.171107, 136.878094

개구리 마을에서 즐기는 온천
게로
下呂

천 년이 넘는 역사를 품은 온천 마을로 이른바 일본의 3대 유명 온천 중 하나로 꼽힌다. 게로가 온천으로 널리 알려진 것은 에도 시대의 유학자가 서술한 옛 문헌에서 효고兵庫현의 아리마有馬, 군마群馬현의 쿠사츠草津와 함께 효험이 있는 명탕으로 소개하면서부터다. 개구리 울음소리를 떠올리게 하는 게로라는 이름 덕분에 개구리 마을로도 불린다. 하루면 명소를 다 둘러볼 수 있어 나고야 여행 일정에 게로 하루 여행을 추가해도 좋다.

• 게로

베스트 시즌
사계절 언제나(매주 토요일 불꽃 축제가 열리는
1~3월도 추천)

찾아가기

Access
- ○ 인천 국제공항
  - 직항 ⏱ 1시간 50분
- ○ 추부中部 공항
  - 전철 ⏱ 28~33분
- ○ 메이테츠名鉄 나고야名古屋역
  - 기차 ⏱ 약 1시간 27분
- ○ JR 게로下呂역

Train
- ○ 타카야마高山역
  - 기차 ⏱ 45~60분
- ○ JR 게로下呂역

Bus
- ○ 타카야마 노히 버스센터高山濃飛バスセンター
  - 버스 ⏱ 약 1시간 20~30분
- ○ 게로 버스센터下呂バスセンター

게로
상세지도

온센지
温泉寺

게로 온천 박물관
下呂発温泉博物館

백로 족욕탕　　　　카에루 신사
鷺の足湯　　　　　加恵瑠神社

비너스 족욕탕　　　게로게로 밀크스탠드
ビーナスの足湯　　GEROGEROみるくスタンド

　　　　　　　　　　　　　　　　　미야비 족욕탕
　　　　　　사루보보 황금 족욕탕　　雅の足湯
　　　　　　さるぼぼ黄金足湯

　　　　　　　　　　　　　유아미야
　　　　　　　　　　　　　ゆあみ屋

코게츠혼케
幸月本家

　　　분천 연못
　　　噴泉池

시라사기모노가타리
판매점

ℹ️ 관광안내소

🚋 JR 게로역

게로에선 어떻게 이동할까

게로의 관광 명소는 대부분 JR 게로역을 중심으로 한데 모여 있어 걸어서
움직이기 편하다. 명소 중 유일하게 멀리 떨어진 게로 온천 합장촌은 게로
역 앞 노히濃飛 버스 센터에서 직통으로 연결하는 버스를 타면 한 번에 갈
수 있으나 역에서 도보로 18분 거리라 걸어서도 이동 가능하다.

¥ 1회 일반 ¥100, 어린이 ¥50

유용한 승차권 게로 온천 직행버스 下呂温泉直行バス

게로 온천 료칸 협동조합 가맹점 숙박객의 전용 티켓으로 나고야-게로 간 버스
를 저렴하게 이용할 수 있다.

¥ 왕복 ¥3,700, 편도 ¥2,800 🕐 매일 1회 운행, 전화 예약제(예약 전화 0576-25-
2541, 승차 2개월 전부터 가능(www.gero-spa.or.jp/bas).

게로 온천 합장촌
下呂温泉 合掌村

테마 01. 온천 마을 하루 산책

테마 02. 오리지널 디저트

THEME 01

온천욕과 명소 산책을 동시에
온천 마을 하루 산책

게로는 특색 있는 온천을 즐기며 사찰과 명소를 산책하는 재미가 있는 마을이다.
게로 지역 원천의 최고 온도는 84℃, 공급 온도는 55℃로 신경통과 피로 회복에 좋으며,
피부에 닿으면 반들반들하고 매끄러운 촉감 덕분에 미인수로도 불린다.
온천욕과 산책으로 몸과 마음의 건강까지 챙겨보자.

분천 연못 噴泉池 🔊 훈센치

자연 그대로의 노천 온천

게로 마을 한가운데 자리한 게로 대교 하천 부지에 노천 온천이 있다. 심지어 24시간 무료로 이용 가능하다. 마을이 훤히 보이는 탁 트인 공간이 다소 부담스러울 수 있으나 어디서도 할 수 없는 특별한 경험이라 생각하면 슬쩍 용기가 생길지도 모른다. 입욕 시 수영복 착용이 의무화되어 있어 남녀 혼욕이라 해도 걱정할 필요 없다.

📍 岐阜県下呂市幸田河川敷　¥ 무료　🕐 24시간　📷 35.807595, 137.240947　🔍 게로 노천 온천

TIP 게로 온천 투어의 필수 패스
유메구리테가타 湯めぐり手形 🔊 유메구리테가타

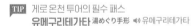

게로의 온천 시설을 다양하게 이용하고 싶다면 하루 동안 마을 내 가맹 료칸 22곳 가운데 3곳을 선택해 입욕할 수 있는 패스를 구매하자. 게로의 이름난 온천 시설이 대거 포함되어 있으며, 일일이 비용을 지불해야 하는 번거로움도 줄어든다. 암행어사 어패 같은 역할을 하는 나무판을 방문하는 시설 카운터에 제시하는 것이 사용 방법. 시설마다 입욕 가능 시간과 이용 가능 온천탕이 조금씩 차이가 있으므로 홈페이지에서 상세 내역을 확인하고 방문할 것을 추천하며, 주말이나 공휴일 등 한꺼번에 많은 사람이 몰려 혼잡할 경우에는 이용이 어렵다는 점도 참고하자. 마을 내 편의점, 기념품점, 일부 료칸에서 구매할 수 있다(입욕 시 사용할 수건은 각자 지참).

- **요금** 초등학생 이상 ¥1,300, 만 3세 이하 무료(구입 날짜부터 6개월간 유효)
- **주의** 패스는 1인당 1개씩 적용되나 성인과 동반한 초등학생에 한해 성인이 소지한 패스 하나로 2인 입장이 가능(입욕 2회로 적용).
- **전화** 0576-25-2541
- **주요 이용 가능 료칸** 유노시마칸湯之島館, 스이메이칸水明館, 무츠미칸睦館, 오가와야小川屋, 게로 로열 호텔 미야비테이下呂ロイヤルホテル雅亭 등
- **홈피** www.gero-spa.or.jp/yu_meguri

카에루 신사 加恵瑠神社 카에루진자

무사귀환을 기원하는 곳

개구리 울음소리와 비슷한 마을 이름 덕분에 별칭 개구리 마을이 되어버린 게로. 마을 어디서나 개구리 모형을 볼 수 있지만 한발 더 나아가 개구리를 테마로 한 신사까지 만들었다. 카에루는 개구리를 뜻하는 말이자 '돌아가다'라는 동사의 의미도 지녀 온천을 즐기고 무사히 돌아갈 수 있도록 기원하는 장소로 이용되고 있다. 신사 구석구석을 꾸민 개구리 모양 장식품을 하나씩 찾아보는 즐거움도 있다.

📍 岐阜県下呂市湯之島543-2 ¥ 무료 🕐 24시간 🎯 35.809861, 137.241355
🔎 Frog Shrine

TIP 개구리 오브제와 각종 동상

개구리 울음소리를 일본어로 발음하면 '게로게로げろげろ'. 덕분에 마을 곳곳에서 개구리 형상의 장식물과 캐릭터들을 쉽게 만나볼 수 있다.

11:30 am

온천에 관한 모든 것
게로 온천 박물관 下呂発温泉博物館 ◀) 게로하츠온센하쿠부츠칸

과학, 문화, 역사 등 다각도에서 온천을 조명한 박물관. 온천의 과학, 온천의 문화, 게로 온천에 어서 오세요, 온천 박사의 방, 재미있는 온천 챌린지 등 총 5개 코너로 나뉘어 온천을 보다 알기 쉽고 재미있게 소개한다. 게로 온천의 역사와 특징을 비롯해 온천수가 나오는 과정, 화학적 성질 및 효능과 같은 근본적인 물음은 물론이고 온천으로 인해 생겨난 전통, 풍습, 이야기까지 흥미를 유발하는 콘텐츠로 이목을 끌고 있다. 족욕을 즐길 수 있는 탕도 따로 마련해두었으니 잊지 말고 체험해보자.

📍 岐阜県下呂市湯之島543-2 ¥ 일반 ¥400, 어린이 ¥200
🕐 09:00~17:00 ✖ 목요일(공휴일은 개관) 📞 0576-25-3400
🏠 www.gero.jp/museum ⊗ 35.810173, 137.241399

온센지 温泉寺 ◀) 온센지

게로 온천을 지키는 사찰

게로의 온천수가 갑자기 멈춰 곤란한 지경에 빠졌던 어느 날, 중생을 구제하는 부처 약사여래의 화신인 백로가 내려와 새로운 온천수가 솟는 위치를 알려줘 문제를 해결했다고 전해진다. 게로 온천의 유래가 된 재미난 전설의 주인공을 극진히 모시고 있는 곳이 바로 온센지. 173개의 돌계단을 올라가면 나타나는 절은 고요하고 평온한 분위기를 자아내며 온천 지킴이 역할을 해내고 있다. 끊임없이 온천수가 흘러나오는 본당 앞 약사여래존상과 게로의 마을 풍경이 내려다보이는 경관이 자랑거리다.

📍 岐阜県下呂市湯之島680 ¥ 무료 🕐 24시간 ❌ 부정기
📞 0576-25-2465 🏠 www.onsenji.jp
📍 35.810790, 137.242557

게로 온천 합장촌 下呂温泉 合掌村 🔊 게로온센갓쇼무라

독특한 모양의 민가 체험

기후岐阜, 토야마富山 지역 산간 지방에서 볼 수 있는
갓쇼즈쿠리合掌造り라는 일본의 독특한 건축 방식과
그 속에서 살았던 이들의 생활상을 엿볼 수 있는 야
외 박물관. 폭설이 잦아 일반 주택 양식으로는 쌓이
는 눈을 버티기 어려운 탓에 가파르게 기운 큰 지붕
을 세웠는데, 그 형태가 두 손을 모아 합장한 모양
과 비슷하다 해서 이름 붙였다는 설이 전한다. 실제
민가를 그대로 옮겨다 마을을 재현해 현실감 있게
체험할 수 있으며, 정기적으로 문화 관련 수업도 개
최해 다양하게 즐길 수 있다. 이 건축 양식이 아직
남아 있는 집락촌 '시라카와고白川郷'에 가본 적 없다
면 여기서 작게나마 체험해보길 권한다.

📍 岐阜県下呂市森2369 ¥ 고등학생 이상 ¥800, 초·중학생 ¥400 🕐 08:30~17:00(12
월 31일~1월 2일 09:00~16:00, 마지막 입장 폐장 30분 전) ❌ 연중무휴 📞 0576-25-
2239 🏠 www.gero-gassho.jp 🌐 35.808384, 137.249638

하루의 피로는 온천에 발을 담가 씻는다
족욕탕 足湯 ◀) 아시유

게로는 온천과 산책을 즐기는 이들에게는 천국과도 같
은 곳이다. 마을 자체가 그리 크지 않아 거리를 산책하
는 데 부담이 없을 뿐만 아니라 발과 다리가 피로할세
라 곳곳에 무료 족욕탕도 마련해두었다. 게로를 방문한
여행자 중에는 오로지 족욕탕 위주로만 돌아다니는 순
례자(?)가 있을 정도다. 따뜻한 온천에 발을 담그고 평
화로운 마을 풍경을 바라보는 것만으로도 힐링이 되는
곳이다.

주요 족욕탕 백로 족욕탕鷺の足湯, 비너스 족욕탕ビーナスの
足湯, 사루보보 황금 족욕탕さるぼぼ黄金足湯, 미아비 족욕탕
雅の足湯 등 ❌연중무휴 🏠 www.gero-spa.or.jp/ashiyu

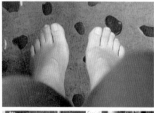

게로라서 더 특별한
오리지널 디저트를 찾아서

온천욕 후에는 달콤한 디저트가 빠질 수 없다. 게로의 설화를 바탕으로 한 쿠키부터 고소한 푸딩,
개구리 마을답게 개구리가 새겨진 디저트 용기까지, 게로에선 눈과 입이 모두 즐겁다.

유아미야 ゆあみ屋 ◀️ 유아미야

온천 달걀과 아이스크림의 만남

먹거리, 화장품, 손수건 등 게로 온천의 각종 기념품을 판매하는 전문점의 오리지널 디저트는 이제 게로를 대표하는 상품이 되었다. 게로산 현미 플레이크 위에 우유 향이 진한 아이스크림과 온천수로 삶은 달걀을 얹은 온타마 소프트温玉ソフト가는 3가지가 어우러지도록 잘 섞는 것이 포인트. 커스터드 크림에 가까운 부드럽고 폭신한 식감이 플레이크의 바삭한 식감과 만나 오묘하면서도 묘하게 중독되는 맛이다. 게로산 우유를 사용한 오리지널 푸딩ほんわかプリン도 추천.

📍 岐阜県下呂市湯之島801-2 💴 온타마 소프트温玉ソフト ¥470, 푸딩 ¥380 🕐 4~11월 09:00~21:00, 12~3월 09:00~18:30
❌ 부정기(인스타그램 참고) 📞 0576-25-6040 🏠 www.yuamiya.co.jp 📷 yuamiya.gero 🌐 35.808513, 137.242874

게로게로 밀크스탠드 GEROGEROみるくスタンド ◀️ 게로게로미루쿠스탄도

개굴개굴 우유 디저트

2018년 여름에 새롭게 등장한 게로 디저트계의 신흥강자. 온천탕에 앉아 우유를 즐기는 개구리 로고만으로도 충분히 이곳을 설명 가능하다. 맛있기로 소문난 이 지역 자랑거리 히다飛騨우유를 사용해 푸딩, 스무디, 티라미수, 커피 우유 등 오리지널 디저트를 선보인다. 드링크, 빙수 메뉴에는 젤리 식감의 우유 토핑 '뿌리는 밀크追いミルク'를 무료로 얹을 수 있으니 참고하자.

📍 岐阜県下呂市湯之島850 💴 밀크 푸딩みるくプリン ¥390 🕐 10:00~17:00 ❌ 부정기(인스타그램 참고) 📷 milkstand.gero 📞 0576-23-1930 🌐 35.809402, 137.241612 🔍 Gerogero Milk Stand

코게츠혼케 幸月本家 🔊 코오게츠혼케

원반 형태의 카스텔라 2장 사이에 팥소를 넣은 일본의 전통
과자 도라야키どら焼き. 꿀을 넣은 밀가루 반죽 덕분에 촉촉
하면서도 폭신한 식감이 느껴져 남녀노소 누구나 즐겨 먹는
인기 디저트다. 이곳은 도라야키를 전면에 내세운 디저트점.
우유가 듬뿍 들어간 카스텔라 사이에 팥소를 섞은 생크림을
넣어 더욱 부드러운 나마도라生どら와 도라야키, 아몬드, 유
자, 말차 등으로 완성한 와모리모리파르페和MORI盛りパフェ를
내세워 식욕을 자극한다.

📍岐阜県下呂市幸田1145-4 ¥나마도라生どら ¥250, 와모리모리
파르페和MORI盛りパフェ ¥550 🕐08:40~18:30 ❌부정기
📞0576-25-2815 📍35.807838, 137.238904
🔍Hotel Yumoto Museum(건너편에 위치)

선물로도 좋은
게로의 도라야키!

시라사기모노가타리 しらさぎ物語 🔊 사라사기모노가타리

몸을 다친 백로가 온천에 몸을 담그자 상처가 나았다는 이야기가 전해 내려오
는 게로. 이 설화를 바탕으로 만든 시라사기모노가타리도 꼭 한번 맛봐야 할 디
저트다. 화이트 크림을 사이에 끼운 쿠키는 녹차, 커피와 곁들여 먹기에 좋아 30
년 이상 판매되고 있는 롱셀러 상품이다. 게로역 인근에 있는 기념품 전문점에
서 판매한다.

🕐09:00~17:30 ¥시라사기모노가타리しらさぎ物語 대 ¥1,155, 소 ¥820
🔍Yamakawa Manekineko Store

게로역 인근 기념품 전문점

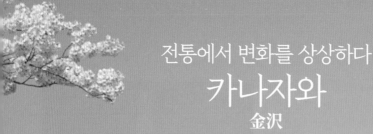

전통에서 변화를 상상하다
카나자와
金沢

일본의 아름다운 전통을 간직하면서도 새로운 변화를 두려워하지 않는 대담함을 갖춘 도시. 옛 정취가 묻어나는 거리 풍경을 유지하되 현대 미술을 다루는 카나자와 21세기 미술관을 오픈한 것이 대표적이다. 미술관의 탄생으로 현지인 사이에서는 세련되고 멋스러운 지역이라는 이미지가 정착하는 계기가 되었고, 신구 조합의 아름다움을 널리 알리는 데도 지대한 공헌을 했다. 사계절 언제 방문해도 좋지만 봄과 겨울에 더욱 영롱한 빛을 뿜어낸다.

카나자와

베스트 시즌
1월 상순~2월 하순 겨울, 3월 하순~4월 중순 봄

관광안내소
·주소 石川県金沢市木ノ新保町1-1 JR金沢駅構内
·시간 08:30~20:00   ·휴무 연중무휴

찾아가기
Access
○ 인천 국제공항
　직항 ⏱1시간 45분
○ 코마츠小松 공항(운휴 중)
　공항버스 ⏱약 40분
○ JR 카나자와金沢역 서쪽 출구 3번 버스 정류장

카나자와
상세지도

카나자와에선 어떻게 이동할까

카나자와의 주요 명소는 호쿠테츠北鉄 버스에서 운행하는 버스를 이용하면 편리하게 둘러볼 수 있다. 켄로쿠엔 셔틀버스兼六園シャトル와 조카마치 카나자와 순회 버스城下町金沢周遊バス의 노선만 기억해도 문제없다. 웬만한 관광지는 모두 정차하기 때문이다.

¥ 버스 1회 일반 ¥200, 어린이 ¥100

노선별 주요 관광지

- **켄로쿠엔 셔틀버스&조카마치 카나자와 순회 버스**: 카나자와 21세기 미술관, 켄로쿠엔, 카나자와성 공원, 오미초 시장
- **켄로쿠엔 셔틀버스**: 나가마치 무사 저택터
- **조카마치 카나자와 순회 버스**: 카즈에마치차야가이

유용한 승차권 **카나자와 시내 1일 자유승차권**金沢市内1日フリー乗車券

카나자와의 주요 관광지를 도는 켄로쿠엔 셔틀버스兼六園シャトル, 조카마치 카나자와 순회 버스城下まち金沢周遊バス, 일반 노선버스를 하루 동안 자유롭게 승하차할 수 있다.

¥ 중학생 이상 ¥600, 초등학생 이하 ¥300

● 테마 01. 카나자와 명소 산책

■ 테마 02. 카나자와의 맛

코마츠 공항

관광안내소

JR 카나자와역

고고 카레(카나자와역점)
ゴーゴーカレー

8번 라멘(카나자와역점)
8番らーめん

히가시야마미즈호
東山みずほ

히가시차야가이
ひがし茶屋街

와미
和味

카즈에마치차야가이
主計町茶屋街

지유켄
自由軒

하쿠이치
箔一

오미초 시장
近江町市場

카나자와성 공원
金沢城公園

오야마 신사
尾山神社

나가마치 무사 저택터
長町武家屋敷跡

험 앤고
HUM&GO

시이노키 영빈관
しいのき迎賓館

켄로쿠엔
兼六園

그릴 오츠카
グリルオーツカ

르 뮤제 드 애쉬 카나자와
Le Musée de H Kanazawa

카나자와 21세기 미술관
金沢21世紀美術館

이시카와 현립 미술관
石川県立美術館

스즈키 다이세츠관
鈴木大拙館

고요히 풍경이 되는 여행
카나자와 명소 산책

자연과 조화를 이룬 명소가 다수 포진해 풍경 하나하나가 예술 작품처럼 느껴지는 카나자와.

에도 시대의 전통 거리와 이어지는 산책길, 연못과 동산이 함께 어우러진 정원,

벚꽃 명소가 된 성, 봄의 강변길과 겨울의 토담길까지, 오롯한 나만의 산책을 시작해보자.

高橋

카나자와를 대표하는 풍경 속으로
히가시차야가이 ひがし茶屋街 ◀) 히가시차야가이

1820년에 조성된 전통 거리. '차야茶屋'란 춤과 노래 등 전통 예능을 감상하며 식사를 즐겼던 옛 휴게소를 뜻하는 말로, 카나자와의 대표적인 차야 거리. 관광객으로 붐비는 교토보다 한적해 현지인의 인기 명소로 떠올랐다. 현재는 전통 의상을 입고 기념 촬영을 하거나 입소문을 타고 찾아온 외국 방문객도 늘어나 예전만큼은 즐길 수 없다. 사실 일본의 옛 풍경이 고스란히 남은 곳은 여럿이지만, 다른 지역과 차별화되는 이곳의 특징은 촘촘하게 짠 나무 격자창이 설치된 건축물이 줄지어 있는 점이다. '키무스코木虫籠'라고 하는 카나자와 특유의 전통 건축 방식으로, 내부에서는 밖이 잘 보이지만 밖에서는 내부를 보기 어려운 구조다. 디자인적 측면은 물론 사생활을 지키는 기능적인 면에서도 우수하다. 멋스러운 분위기의 음식점과 카페가 모여 있어 다양한 방법으로 전통 가옥을 체험할 수 있다. 차야가이에서 조금 더 발을 넓히면 북적거리던 거리가 순식간에 고요한 분위기로 변신한다. 타박타박 산책길을 걸으며 옛 풍경에 빠져보자.

📍 石川県金沢市東山1 　📡 36.572619, 136.666473

카나자와 21세기 미술관 金沢21世紀美術館 ◆》카나자와니주잇세에키비주츠칸　　새로운 카나자와가 이곳에

2004년 카나자와에 혜성같이 등장한 현대 미술관. 유료 전시회를 관람하지 않더라도 누구나 쉽고 재미있게 예술을 접할 수 있도록 만들었다. 특히 정원에 설치된 다양한 작품과 함께 반드시 체험해야 할 작품은 바로 아르헨티나 예술가 레안드로 에를리치Leandro Erlich의 작품 '스위밍 풀Swimming Pool'이다. 수영장 물속에 비친 지하 사람들과 수영장 밖 지상 사람들이 만나는 묘한 체험이 큰 인기를 끌고 있다. 또한 아름다운 플레이팅이 인상적인 카페 레스토랑 '퓨전 21Fusion21'과 예술 서적을 마음껏 열람할 수 있는 아트라이브러리 등이 마련되어 있다.

📍石川県金沢市広坂1-2-1 ✖ 전람회 유료(전시마다 상이), 교류존 무료 🕐 전람회 일~목요일 10:00~18:00, 금·토요일 10:00~20:00/ 교류존 09:00~22:00 ❌ 전람회 월요일(휴일인 경우 다음 날), 연말연시/ 교류존 연말연시 📞 076-220-2800 🏠 www.kanazawa21.jp 🎯 36.560957, 136.658129

함께 들르면 좋은 곳

공간이 선물한 차분한 사색
스즈키 다이세츠관 鈴木大拙館 ◀》 스즈키다이세츠칸

일본의 불교 철학자 스즈키 다이세츠의
사상을 전함과 동시에 방문자가 사색할
수 있는 공간으로 마련한 문화 시설이
다. 정원에는 푸른 녹지를 배경으로 건
축된 건물 아래 잔잔한 물을 두어 정기
적으로 잔물결이 일어난다. 찰나의 움
직임을 통해 같은 공간이 다른 경치를
만들어냄을 나타내기 위해 만든 장치
다.

📍 石川県金沢市本多町3-4-20 💴 일반 ¥310, 65세 이상 ¥210, 고등학생 이
하 무료 🕐 09:00~17:00(마지막 입장 16:30) ✖ 월요일, 12월 29일~1월 3일
📞 076-221-8011 🏠 www.kanazawa-museum.jp/daisetz 🎯 36.557832,
136.661213 🔍 D.T. Suzuki Museum

과거가 머무르는 시공간
시이노키 영빈관 しいのき迎賓館 ◀》 시이노키게이힌칸

1924년 건축된 구 이시카와石川 현청사를 리뉴얼해 레스토랑 겸 갤러리로 재탄
생했다. 건축 당시 특징을 그대로 살려 고풍스럽다.

📍 石川県金沢市広坂2-1-1 💴 무료 🕐 09:00~22:00 ✖ 12월 29일~1월 3일
📞 076-261-1111 🏠 www.shiinoki-geihinkan.jp 🎯 36.562415, 136.657889
🔍 Shiinoki Cultural Complex

켄로쿠엔 兼六園 🔊 켄로쿠엔

이바라키의 카이라쿠엔偕楽園, 오카야마의 코라쿠엔後楽園과 함께 일본의 3대 정원 중 하나로 꼽히는 곳이다. 각 지방에서 권력을 행사했던 영주가 축조한 정원으로, 일본 정원 조경 기술의 정점이라 일컫는 '다이묘大名 정원'의 대표 격이다. 광대한 대지 한가운데 연못을 두고 동산과 저택을 적절히 배치한 다음 그곳들을 들르면서 둘러볼 수 있도록 조성했다. 광대宏大, 유수幽邃, 인력人力, 창고蒼古, 수천水泉, 조망眺望 등 중국 송나라의 저서 〈낙양명원기洛陽名園記〉에서 정원이 겸비해야 할 6개 요소로 꼽은 '로쿠쇼六勝'를 모두 갖추고 있다는 뜻에서 켄로쿠엔이라 이름 붙여졌다. 상반되는 경관이 조화롭게 공존하며 대조적인 아름다움을 연출한 정원이라 평가받는다. 사계절 언제 방문해도 각양각색의 매력을 뽐내 보는 즐거움이 크다.

📍石川県金沢市兼六町1 ¥만 18세 이상 ¥320, 만 6~17세 이하 ¥100
🕐 3/1~10/15 07:00~18:00, 10/16~2/29 08:00~17:00 ❌무휴
📞 076-234-3800 🏠 www.pref.ishikawa.jp/siro-niwa/kenrokuen
📍 36.562150, 136.662671

TIP 켄로쿠엔에서 놓치지 말아야 할 것!

① 켄로쿠엔의 상징, 코토지토로 徽軫灯籠

켄로쿠엔의 심벌이라 할 만큼 중요한 등롱. 등롱의
두 다리가 일본 전통 악기인 코토琴의 줄을 지지하
는 받침과 닮아 이름 붙였다. 본래는 두 다리의 길이
가 같았으나 원인 불명으로 한쪽이 부서지고 말아
현재는 돌 위에 얹어 균형을 유지하고 있다고 한다.
켄로쿠엔를 방문한 이들이 반드시 기념 촬영을 하
는 장소다.

② 겨울 대비책, 유키즈리 雪吊り

수분을 대량으로 머금은 카나자와의 눈이 나무에
쌓이면 가지가 버티지 못하고 부러지는 불상사가
발생하자 이를 방지하고자 지혜를 발휘한 것이다.
우산살 모양의 줄을 나무 중앙에 연결해 고정하면
눈이 많이 내려도 나무를 지켜낼 수 있다. 11월 1일
부터 3월 중순까지 설치해놓아 가을부터 초봄 사이
에 확인할 수 있다.

카나자와성 공원 金沢城公園 🔊 카나자와조오코오엔

카나자와 굴지의 벚꽃 명소

1583년 일본 전국 시대의 무장 마에다 토시이에前田利家의 지시로 건축한 마에다 가문의 거성. 켄로쿠엔과 공원을 잇는 입구에 자리한 이시카와 문石川門은 1788년에 만든 것으로, 적이 진입했을 때 혼란을 주기 위해 복잡한 구조로 설치했다고 한다. 4월 상순이 되면 주변이 새하얀 벚꽃으로 둘러싸여 환상적인 분위기를 자아낸다. 성 중앙에 홀로 선 천수각이 없는 대신 망루가 곳곳에 설치되어 있으며, 전통 정원도 조성되어 있다.

📍 石川県金沢市丸の内1-1-1 🏞 공원 입장 무료/ 공원 내 시설 입장 만 18세 이상 ¥320, 만 6~17세 이하 ¥100 🕐 3/1~10/15 07:00~18:00, 10/16~2/29 08:00~17:00 ❌ 연중무휴 📞 076-234-3800 🏠 www.pref.ishikawa.jp/siro-niwa/kanazawajou 🌐 36.565724, 136.659682 🔎 카나자와 성터

TIP 공원 내 시설에 무료입장하고 싶다면

켄로쿠엔과 카나자와성 공원 내 시설은 정식으로 문을 여는 시간 전에 방문하면 무료로 입장할 수 있다. 단, 유료 관람 시간이 시작되기 15분 전까지 나와야 한다. 켄로쿠엔 출입은 렌치몬 입구蓮池門口, 즈이신자카 입구随身坂口로만 가능하다.

· **시간** 3월 05:00~06:45, 4~8월 04:00~06:45, 9월 1일~10월 15일 05:00~06:45, 10월 16~31일 05:00~07:45, 11~2월 06:00~07:45

─── 함께 들르면 좋은 곳 ───

오야마 신사 尾山神社 🔊 오야마진자

이국적인 분위기의 신사

마에다 토시이에前田利家와 그의 정실 호슌인芳春院을 모시는 곳이다. 전통 건축 양식으로 지은 일반 신사와 다른 풍경을 만날 수 있는데, 네덜란드인 홀스만이 설계한 '신문神門'이 그것. 일본 중요 문화재로 지정된 건물로 동양과 서양 어디에도 속하지 않는 이색적인 분위기를 띤다. 최상층에 새긴 스테인드글라스와 맨 꼭대기에 달린 일본에서 가장 오래된 피뢰침도 눈여겨보자.

📍 石川県金沢市尾山町11-1 🏞 무료 🕐 24시간 📞 076-231-7210 🏠 www.oyama-jinja.or.jp 🌐 36.565988, 136.655606

봄엔 고즈넉한 강변길을
카즈에마치차야가이 主計町茶屋街
🔊 카즈에마치차야가이

전통 찻집이 즐비하던 아사노浅野 강변의 작은 골목길. 옛 정취를 만끽할 수 있는 곳임에도 다른 명소에 비해 관광객이 적은 편이라 호젓한 분위기다. 전통 가옥과 벚꽃이 한데 어우러지는 봄은 사진 촬영하기에 제격이다.

📍 石川県金沢市主計町3
📞 36.572354, 136.663354 📍카즈에마치

겨울엔 운치 있는 토담길을
나가마치 무사 저택터 長町武家屋敷跡
🔊 나가마치부케야시키아토

에도 시대 무사들이 살았던 주택가로, 흙으로 쌓은 담과 돌바닥으로 만든 작은 골목길에서 운치가 느껴진다. 역사와 전통을 그대로 이어받은 저택과 정원이 곳곳에 자리하며, 자료관도 들어서 있다. 겨울이 되면 돌담에 눈이 스며들어 금이 가는 것을 방지하기 위해 볏짚으로 감싸는 '코모카케にも掛け'를 설치하는데, 이 모습이 카나자와의 겨울을 대표하는 풍경이 되었다.

📍 石川県金沢市長町3 📞 36.563613, 136.650767
📍Nagamachi neighborhood

코모카케를 설치한 겨울 풍경

오미초 시장 近江町市場 🔊 오우미초이치바

카나자와 시민의 부엌

에도江戶 시대부터 300년 가까운 세월 동안 카나자와 시민의 든든한 부엌 역할을 하는 시장. 1721년 이 지역 영주 마에다前田 가문의 조리장으로 탄생한 것이 첫 시작으로, 생선, 건어물, 청과물, 정육, 식료품, 음식점 등 180여 개 점포가 늘어서 있다. 시민들의 지지를 얻는 이유는 바로 가격은 저렴하면서 신선도를 자랑한다는 점. 길거리 먹거리도 판매해 여행자도 충분히 즐길 수 있다.

📍 石川県金沢市青草町88 ⏰ 09:00~18:00(가게마다 다름) ❌ 부정기(수요일이 휴무인 가게가 많음) 📞 076-231-1462 🏠 www.ohmicho-ichiba.com 📍 36.571662, 136.656142

TIP 침샘을 자극하는 주전부리 4종

생굴&성게牡蠣&ウニ
그날 들여온 신선한 해산물을 정성스레 손질해 제공한다.

딸기 꼬치いちご串
딸기가 가진 단맛과 신맛의 절묘한 조화! 인증샷 촬영도 돕는다.

크로켓コロッケ
100엔의 행복. 갓 튀겨내어 뜨끈뜨끈하면서 바삭하고 맛있다.

조개관자 꼬치ホタテ串
조개관자를 소스와 함께 구워 짭조름한 풍미가 그윽하다.

THEME 02

카나자와의 맛을 찾아서

카나자와 솔 푸드 기행

카나자와는 옛것을 소중히 여기며 신문물도 적극적으로 받아들인
도시답게 일본인 입맛에 맞춘 양식과 디저트가 맛있기로 이름난 곳이다.
카레, 오므라이스, 햄버그스테이크, 롤케이크 등
한국인도 좋아하는 카나자와의 솔 푸드를 소개한다.

그릴 오츠카 *グリルオーツカ* 🔊 그리루오오츠카

1957년 문을 연 일본식 양식집. 케첩으로 버무린 밥 위에 얇게 구운 달걀 프라이와 흰살 생선 튀김을 얹고 타르타르소스를 뿌린 카나자와의 향토 요리 '한톤 라이스ハントンライス'를 제공하는 대표적인 음식점이다. 한톤 라이스는 가게마다 조금씩 요리법이 다른데, 이곳은 새우튀김 2개를 더 올리고 소스에 화이트 와인을 넣어 감칠맛을 더한다.

📍石川県金沢市片町2-9-15 ￥한톤 라이스ハントンライス 소 ¥1,100, 보통 ¥1,150
🕐 11:00~ 15:30, 17:00~20:30(마지막 주문 19:50) ❌수요일 📞 076-221-2646
🌐 36.561957, 136.651934 📍 Grill Otsuka

고고 카레 *ゴーゴーカレー* 🔊 고오고오카레에

카나자와에 카레 붐을 일으킨 주인공. 카나자와 시내의 5개 지점을 비롯해 전국에 체인을 운영할 만큼 큰 기업으로 성장했다. 맛이 진하고 걸쭉한 카레 위에 톤카츠를 얹고 소스를 뿌리는 것은 보통 카레와 다를 바 없지만, 채썬 양배추를 함께 제공하고 플레이팅은 반드시 스테인리스 접시에 하는 것이 카나자와 스타일이다. 토핑은 톤카츠 외에 새우튀김, 치킨커틀릿, 소시지 등 다양하게 선택할 수 있다.

📍 카나자와역점 石川県金沢市木ノ新保町1-1 金沢百番街あんと内 ￥고고 카레ゴーゴーカレー ¥800~ 🕐 10:00~22:00 ❌연중무휴 📞 076-256-1555 🏠 www.gogocurry.com
🌐 36.577637, 136.647683

지유켄 自由軒 ◀))지유우켄　　　　　　　　　　　　　　　　　　100년 전통의 양식집

현지인과 관광객 모두에게 큰 인기를 얻어 항상 대기 행렬이 늘어서는 일본식 양식집.
1909년 창업한 이래 현재까지 일본 오리지널 양식만 고집하는 곳으로, 당시 개발한 특
제 소스를 계승해 100년 전과 변함없는 맛을 추구하고 있다. 카나자와에서 생산된 식
재료를 적극 사용하며 신선도는 물론 지역 활성화에도 신경 쓰고 있다. 인기 메뉴는 소
고기와 돼지고기를 간장에 재웠다가 푹 삶아서 사용하는 깊은 풍미의 오므라이스.

📍 石川県金沢市東山1-6-6　💴 오므라이스オムライス ¥915　🕐 11:30~15:00, 17:00~21:00
❌ 화요일　📞 076-252-1996　🏠 www.jiyuken.com　🌐 36.572418, 136.666301
🔍 Jiyuken Kanazawa

8번 라멘 8番らーめん ◀))하치방라아멘　　　　　　　　　　　　　　　카나자와의 유명 라멘집

카나자와가 위치하는 이시카와石川현에서 시작해 현재는 일본 중부 지역을 중심으로
체인을 운영하는 라멘 전문점. 가게 이름은 처음 문을 열었던 본점의 위치가 8번 국도
부근이라 붙은 것이라 한다. 씹는 맛이 잘 느껴지도록 꼬불꼬불하고 두꺼운 면을 사용
하며 양배추, 양파, 당근, 숙주를 듬뿍 넣은 채소 라멘이 주력 메뉴다.

📍 카나자와역점 石川県金沢市木ノ新保町1-1-1　💴 채소 라멘野菜らーめん ¥726
🕐 10:00~22:00　❌ 연중무휴　📞 076-260-3731　🏠 www.hachiban.jp
🌐 36.577555, 136.647631　🔍 Hachiban Ramen Kanazawa Station

말풍선: 내가 바로 메인 메뉴!
밥과 국, 반찬도 함께 나와요

푸짐한 일본 정식
히가시야마미즈호 東山みずほ ◀) 히가시야마미즈호

국 하나와 반찬 3가지로 구성된 '이치주산사이―汁三菜'는 일본 정식의 기본이다. 이곳은 기본에 반찬을 3~4가지 더 추가해 푸짐한 한 상 차림을 선보이는 점심 한정 정식집이다. 생선구이와 햄버그스테이크를 메인으로 해 제철 채소를 활용한 음식과 이 지역 향토 요리를 반찬으로 구성해 제공한다. 각 지역에서 공수한 쌀을 6종류 구비해 매일 새로운 쌀밥을 선보인다.

📍石川県金沢市東山1-26-7 💴이치주로쿠사이―汁六菜 ¥1,800, 이치주나나사이―汁七菜 ¥2,000 🕐월~금요일 11:00~14:00, 토·일·공휴일 11:00~15:00 ❌목요일 📞076-251-7666
🏠 h-mizuho.jp 🧭 36.572689, 136.66764

최고의 팥 디저트
와미 和味 ◀) 와미

카나자와의 노포 디저트 전문점 '나카타야 中田屋'에서 운영하는 카페. 모든 디저트 메뉴는 '붉은 보석'이라 불리는 이 지역 특산품 '노도다이나곤能登大納言 팥'을 베이스로 사용한다. 팥을 한층 더 즐길 수 있도록 심혈을 기울여 고안했다고. 옛 정취가 물씬 풍기는 거리의 전통 가옥에서 휴식을 취하고플 때 들르면 좋다.

📍히가시야마차야가이점 石川県金沢市東山1-5-9 💴디저트 ¥330~, 음료 세트 ¥880~ 🕐09:00~16:30(마지막 주문 16:00) ❌부정기 📞076-254-1200 🏠 www.kintuba.co.jp
🧭 36.572463, 136.665976 📍Nakataya Higashiyama

미술관 속 디저트
르 뮤제 드 애쉬 카나자와 Le Musee de H KANAZAWA
◀) 르뮤제두앗슈카나자와

이사카와 현립 미술관 안에 자리한 디저트 전문점으로 일본의 유명 파티시에 츠지구치 히로노부辻口博啓가 기획했다. 인근에서 생산되는 재료를 예술적으로 표현해 일본의 아름다움을 알리는 것이 목표라고 한다.

📍 石川県金沢市出羽町2-1 県立美術館内 💴 디저트 ¥200~, 음료 ¥400~ 🕐 10:00~18:00(마지막 주문 17:00) ❌ 부정기
📞 076-204-6100 🏠 le-musee-de-h.jp
📍 36.560111, 136.661185

금박 아이스크림
하쿠이치 箔一 ◀) 하쿠이치

카나자와 지역 전통 공예 중 하나인 '카나자와하쿠金沢箔' 금박을 아이스크림으로 승화시켰다. 우유 맛 소프트 아이스크림 위에 금박 한 장을 그대로 얹은 호화 디저트는 가격은 비싸지만 잊지 못할 추억이 될 것이다. 켄로쿠엔과 카나자와역에도 지점이 있다.

📍 石川県金沢市東山1-15-4 💴 킨파쿠소프트金箔ソフト ¥891
🕐 09:00~18:00(아이스크림은 ~17:00) ❌ 연중무휴 📞 076-253-0891 🏠 kanazawa.hakuichi.co.jp 📍 36.572378, 136.666495 🔎 Hakuichi Higashiyama

커피 한잔의 여유
험 앤 고 HUM&GO ◀) 하무안도고

켄로쿠엔, 카나자와성 공원, 카나자와 21세기 미술관을 모두 둘러본 후 녹초가 되어 쉴 곳이 필요하다면 이곳으로 가자. 카나자와 21세기 미술관에서 도보 5분 거리에 있는 백화점 '코린보다이와香林坊大和' 지하 1층에 있다. 기후岐阜현의 스페셜티 커피와 식사, 디저트류 등 먹거리도 판매한다.

📍 石川県金沢市香林坊1-1-1 アトリオ B1F 💴 커피 ¥400~, 먹거리 ¥300~ 🕐 10:00~19:00 ❌ 부정기 📞 076-225-8018
🏠 www.humandgo.com 📍 36.562734, 136.654056

옛 일본의 풍경을 예쁘게 담아내는 방법
시라카와고
白川郷

시라카와고는 번잡한 일상에서 벗어나 고요한 자연에서 힐링을 누리는 치유의 여행지로 딱 맞는 곳이다. 동화 속 스머프의 집처럼 올망졸망 귀여운 집들이 정겹게 맞이해 테마파크나 드라마 세트장의 일부분이라 해도 전혀 어색하지 않다. 정해진 목적지 없이 마음 가는 대로 타박타박 산책해도 좋지만, 이곳의 아름다움을 제대로 느낄 수 있는 뷰 포인트를 알고 가면 더욱 좋다.

시라카와고 여행의 시작

험준한 산세를 흐르는 강물 주변으로 지붕이 큰 오두막 100여 개가 모여 있는 집락촌. 토야마富山현과 시라카와고가 위치한 기후岐阜현 지역에서만 볼 수 있는 독특한 집의 형태로, 일본어로 합장을 뜻하는 단어를 사용해 '갓쇼즈쿠리合掌造り' 건축 양식이라 한다. 지붕 모양이 마치 두 손을 마주 잡은 것 같기 때문인데, 매년 대설특보가 발효되고 적설량이 170cm에 이를 정도라 눈이 내려도 잘 쌓이지 않는 구조를 고안하다 보니 이러한 형태가 되었다는 설이 가장 유력하다. 일본 건축 기술의 집대성이라 할 만큼 독자적인 양식을 구축한 덕분에 시라카와고는 1995년 유네스코 세계 문화유산으로 등재되었다.

♥ 岐阜県大野郡白川村 ♠ shirakawa-go.gr.jp ◎ 36.257874, 136.906218

Access

○ **인천 국제공항**
　┊ 직항　⏱ 1시간 50분
○ **추부中部 공항**
　┊ 전철　⏱ 28~33분
○ **JR 전철 나고야名古屋역**
　┊ 도보　⏱ 12분
○ **나고야 메이테츠名鉄 버스센터**
　┊ 버스　⏱ 2시간 30분
○ **시라카와고白川郷 버스 터미널**

Bus

출발지	소요시간	도착지
카나자와金沢역 앞 버스 정류장	1시간 20분	
토야마富山역 앞 버스 정류장	1시간 20분	시라카와고白川郷 버스 터미널
타카야마高山 노히濃飛 버스센터	50분	

127

천수각 전망대 오르기

마을이 신비롭고 독특한 분위기를 풍기는 가장 큰 이유
는 바로 오두막의 커다란 지붕이다. 장난감 같은 오두막집
의 지붕을 한눈에 보려면 높은 위치에 올라 마을을 조망
하는 것이 가장 좋을 터. 이러한 마음을 아는 듯 마을에서
가장 높은 뒷산 꼭대기에 전망대가 있다. 가파른 오르막길
을 20~30분 걸어야 도달할 수 있으나 다행스럽게도 걷기
싫은 여행자를 위해 셔틀버스를 운영하고 있다. 올라갈 땐
마을 초입에 있는 버스 정류장에서 버스를 타고, 내려올
땐 마을을 감상하며 걸어서 내려오기를 권한다.

천수각 전망대天守閣展望台
📍 岐阜県大野郡白川村荻町2269-1
📡 36.262933, 136.908421 🔎 시라카와고 전망대

전망대행 셔틀버스 정류장
¥ 편도 ¥200 🕐 09:00~15:40/ 정시, 20분, 40분 출발
📡 36.260305, 136.906991
🔎 Observatory Sightseeing Shuttle Bus

삼각지붕 삼 형제 찍기

그림 같은 집이 서 있는 예쁜 풍경을 사진 속에 담고 싶다면
추천하는 포인트다. 전통 가옥을 개조한 휴게소로 중심가에
서 조금 벗어난 구역에 자리한다. 다리가 아픈 여행자들에게
잠시 쉬어가라며 넓은 아량을 베푸는 고마운 휴식 공간인
데, 삼각지붕 집 세 채가 나란히 서 있고 귀여운 허수아비가
이들을 지키고 있는 전원 풍경이 정말이지 아름답다.

구 후지사카 가문 주택 휴게소旧藤坂家住宅 休憩所
📍 岐阜県大野郡白川村大字荻町804 📡 36.257021, 136.907037
🔎 Nomura Shirakawago

뷰 포인트 3

아기자기한 포인트 찾아보기

시라카와고는 걸어서도 충분히 돌아볼 수 있을 만큼 자그
마한 마을이다. 특별한 즐길 거리 없이 고즈넉한 마을을
산책하는 것이 전부라 다른 지역으로 이동하기 전에 잠깐
들르는 여행지이기도 하지만, 시간에 쫓겨 대충 훑어보고
가기엔 아까운 것도 사실. 마을을 찬찬히 둘러봐야 알아차
릴 수 있는 아기자기한 매력이 있으므로 2~3시간은 투자
하자. 아무도 미처 발견하지 못한 보물 같은 풍경을 찾아내
는 재미도 느낄 수 있다.

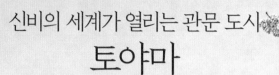

신비의 세계가 열리는 관문 도시

토야마

富山

토야마는 현지인에게 인기가 높은 관광지가 다수 포진된 지역이다. 한여름에 만나는 알펜루트 '눈의 대계곡雪の大谷' p.144, 단풍이 물든 산들 사이로 달리는 '쿠로베 협곡 토롯코 열차黒部峡谷トロッコ電車', 신기루가 보이는 마을 '우오즈魚津', 밤에 빛나는 반딧불 매오징어를 만날 수 있는 '나메리카와 항구 滑川漁港' 등 자연이 선사하는 신비로운 경치를 몸소 체험할 수 있기 때문이다. 이러한 관광지에 도달하기 전 반드시 들르게 되는 관문 토야마역 역시 대표 관광지에 비하면 소박하나 나름의 운치가 있다.

토야마

베스트 시즌
3월 하순~4월 상순

관광안내소
· **주소** 富山県富山市明輪町1-225富山駅フロア
· **시간** 08:00~20:00 · **휴무** 연말연시

찾아가기
Access
◉ 인천 국제공항

　직항(임시 운항 중) ⏱ 2시간 15분

◉ 토야마富山 공항

　버스 ⏱ 20~24분

◉ JR 토야마尾道역 앞 6번 정류장

Train

JR 전철·치테츠地鉄 토야마富山역

토야마
상세지도

토야마에선 어떻게 이동할까

JR 토야마역을 기점으로 하는 다양한 교통 수단이 있다. 시내 남쪽을 순환하는 트램 '센트램セントラム'은 토야마성, 토야마 시청, 토야마시 유리 미술관을 지나간다. 시내 북쪽에 있는 후간 운하 환수 공원과 토야마현 미술관은 걸어서 가거나 토야마치테츠富山地鉄에서 운행하는 버스를 이용하자.

¥ 센트램 1회 일반 ¥210, 어린이 ¥110 **버스** 1회 일반 ¥210, 어린이 ¥110

유용한 승차권

토야마 마치나카 이와세 자유 티켓
富山まちなか・岩瀬フリーきっぷ

센트램セントラム, 치테츠地鉄 버스(역 주변), 라이트 레일ライトレール, 치테츠地鉄 철도를 하루 동안 자유롭게 이용할 수 있다.

¥ 일반 ¥820, 어린이 ¥410

이와세하마역

이와세 운하 회관 선착장

후간 수상 라인 노선

나카지마코몬 선착장 · 나카지마코몬 中島閘門

후간 운하 환수 공원 선착장 티켓 판매소

JR 토야마역
치테츠 덴테츠토야마역

토야마 공항

● 테마 01. 가볍게 도시 여행

● 테마 02. 토야마의 맛

나메리카와 항구
滑川漁港

0 ─── 600m

우오즈
魚津 ◀

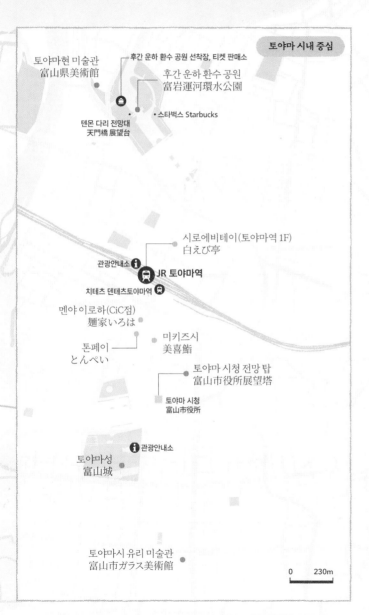

토야마 시내 중심

토야마현 미술관
富山県美術館

후간 운하 환수 공원 선착장, 티켓 판매소

후간 운하 환수 공원
富岩運河環水公園

•스타벅스 Starbucks

텐몬 다리 전망대
天門橋展望台

시로에비테이(토야마역 1F)
白えび亭

관광안내소 ℹ️ 🚈 JR 토야마역

치테츠 덴테츠토야마역 🚈

멘야 이로하(CiC점)
麺家いろは

미키즈시
美喜鮨

톤페이 ─
とんぺい

토야마 시청 전망 탑
富山市役所展望塔

토야마 시청
富山市役所

ℹ️ 관광안내소

토야마성
富山城

토야마시 유리 미술관
富山市ガラス美術館

0 ─── 230m

타테야마 쿠로베 알펜루트
立山黒部アルペンルート ▶

휴식과 예술을 적절히
가볍게 도시 여행

토야마 지역에는 신비로운 여행지가 많지만, 토야마 시내 또한 소소한 재미를 느끼며 휴식을 취할 수 있는
여행지다. 미술관 옆 공원을 거닐고, 크루즈를 타고 공원 내 운하를 가로지르고, 무료로 운영하는 시청 전망대에서
석양을 보고 있노라면 토야마를 교통의 요지라고만 생각했던 편견이 사라질지도 모른다.

토야마현 미술관　富山県美術館　◀)) 토야마켄비주츠칸

예술의 경계가 사라지는 미술관

예술과 디자인을 잇는다는 콘셉트의 미술관. 세계적인 회화 작품을 새로운 관점이나 테마로 소개해 신선한 발견을 유도할 목적으로 개관했다. 토야마시를 조망하는 전망대와 옥상 정원에 아이들이 신나게 놀 수 있는 놀이터를 갖추고 있다. 특히 옥상 정원의 놀이터는 일본의 유명 그래픽 디자이너 사토 타쿠佐藤卓가 디자인한 놀이기구로 이루어져 있는데, 놀이와 예술의 경계 없이 아이들이 쉽게 미술관을 체험하도록 만들었다. 미술관 내부에는 전시관 외에 도서, 영상, 워크숍 등이 이루어지는 코너가 따로 있고 음식점과 카페도 운영하고 있다.

📍富山県富山市木場町3-20　💴일반 ¥300, 고등학생 이하 무료　🕐미술관 09:30~18:00(마지막 입장 17:30)/ 옥상정원 08:00~22:00(마지막 입장 21:30)　❌미술관 수요일(공휴일은 개관), 연말연시/ 옥상정원 12/1~3/15　📞076-431-2711　🏠tad-toyama.jp　🎯36.710569, 137.210117

후간 운하 환수 공원 富岩運河環水公園 ◀) 후간운가칸스이코오엔

5.1km의 기나긴 후간 운하 일부와 3만 평에 이르는 풀밭을 활용해 공원으로 정비했다. 크루즈를 타고 운하를 돌아보는 수상 라인과 운하 사이에 떡하니 자리한 텐몬天門 다리 전망대가 대표적인 즐길 거리. 텐몬 다리 양쪽에 엘리베이터를 설치한 전망대를 만들어 공원 전경을 내려다볼 수 있다. 또 공원 한쪽에 자리한 스타벅스에서는 다른 각도로 공원을 조망할 수 있는데, 통유리로 된 멋스러운 외관이 공원을 아름답게 꾸며주는 역할도 한다. 이곳 테라스석에 앉아 커피를 마시며 경치만 바라보아도 좋다.

📍 富山県富山市湊入船町 ¥ 무료 ⏰ 공원 24시간, 텐몬 다리 전망대 09:00~21:30, 스타벅스 08:00~22:30 ❌ 스타벅스 부정기 📞 076-444-6041 🏠 www.kansui-park.jp
📍 36.709428, 137.212492 🔎 Fugan Kansui Park

함께 들르면 좋은 곳

운하를 떠도는 크루즈
후간 수상 라인 富岩水上ライン ◀)) 후간스이조오라인

환수 공원과 토야마의 옛 정취가 풍기는 이와세岩瀬 지역을 잇는 크루즈도 공원을 즐기는 하나의 방법. 텐몬天門 다리 북서쪽에 있는 승선장에서 티켓을 구매하고 크루즈에 탑승하면 약 60분간 운하를 돌며 이와세로 향한다. 코스 중간에 있는 나카지마코몬中島閘門에서도 하선이 가능하며, 겨울에는 환수 공원 주변을 20분간 도는 코스와 나카지마코몬까지만 가는 코스만 운행한다.

📍 富山県富山市西宮町1-1　¥ 환수 공원→이와세 편도 ¥1,700, 환수 공원→나카지마코몬 ¥1,400　🕐 09:45~15:30　❌ 화요일, 부정기(홈페이지 참조)　📞 076-482-4116　🏠 www.fugan-suijo-line.jp
🌐 36.709809, 137.211542　📍 Fugan Suijo Line

토야마성 富山城 🔊 토야마조오

460그루의 벚꽃 아래서 휴식을

1543년 일본의 전국 시대에 축성한 성으로 현재는 공원으로 탈바꿈해 시민들의 쉼터 역할을 하고 있다. 봄이 되면 성을 수놓은 벚꽃 덕분에 벚꽃놀이의 장이 펼쳐진다. 국가 지정 유형 문화재로 등재된 천수각天守閣은 1609년에 소실된 부분을 1954년에 재건한 것으로, 470여 년 전 모습 그대로 남아 있는 건 성을 둘러싼 돌담과 군데군데의 굴 정도다. 성 내부에 향토 박물관이 있어 옛 역사를 모형과 영상으로 알기 쉽게 설명한다. 성 북쪽 끝자락에 있는 강 마츠가와松川를 둘러보는 유람선 승선장도 있다. 유람선을 타고 460그루의 벚나무의 꽃잎이 흩날리는 강을 유유자적하며 30분간 선상 산책을 떠날 수 있다.

📍 富山県富山市本丸1-62 💴 일반 ¥210, 고등학생 이하 무료 🕐 09:00~17:00(마지막 입장 16:30) ✖ 12월 28일~1월 4일 📞 076-432-7911 🏠 www.city.toyama.toyama.jp/etc/muse 📍 36.692820, 137.211493

토야마시 유리 미술관 富山市ガラス美術館 ◀)) 토야마가라스비주츠칸

유리 공예로 빚은 신비로움

토야마 시립 도서관富山市立図書館이 들어선 복합 시설 토야마 키라리TOYAMAキラリ 안에 있는 유리 공예 전문 미술관. 현대 유리 공예의 일인자이자 미국에서 처음으로 인간 국보로 지정된 예술가 데일 치훌리Dale Chihuly의 대표작 다섯 작품을 전시한 글라스 아트 가든 (6층)을 시작으로 미술관이 소장한 현대 유리 공예 작품을 정기적으로 교체하며 전시한다. 토야마 시립 도서관이 들어선 2~4층 곳곳에도 토야마에서 활약 중인 예술가들의 작품이 전시되어 저렴한 입장권으로 풍성하게 즐길 수 있다.

◉ 富山県富山市西町5-1 ¥ 상설전 일반 ¥200, 고등학생 이하 무료 ◷ 일~목요일 09:30~18:00 (마지막 입장 17:30), 금·토요일 09:30~20:00(마지막 입장 19:30) ✖ 매달 첫째 주·셋째 주 수요일, 연말연시 ☎ 076-461-3100 ♠ toyama-glass-art-museum.jp ◉ 36.688611, 137.214750

토야마 시립 도서관

토야마 시청 전망 탑 富山市役所展望塔 🔊 토야마시야쿠쇼텐보오토오　　　눈앞에 360도로 펼쳐지는 시내 풍경

토야마시 전경을 360도 파노라마로 감상할 수 있도록 높이 70m의 시청 건물 꼭대기 층에 전망 탑을 설치했다. 누구나 즐길 수 있도록 무료로 개방하며, 주말과 공휴일에도 문을 연다. 남쪽으로는 토야마성, 북쪽으로는 토야마만을 볼 수 있으며, 화창한 날은 산봉우리가 죽 이어진 토야마의 자랑 타테야마 연봉立山連峰이 저 멀리 보인다. 실제로 조망할 수 있을지 여부는 일기예보 웹사이트(homerun. wni.co.jp/TOKS/view.html)를 참고하면 된다. 날짜 하단에 적힌 퍼센티지가 높을수록 볼 가능성이 커지므로 방문 전 확인해두자.

📍 富山県富山市新桜町7-38 ¥ 무료 🕐 4~10월 월~금요일 09:00~21:00, 토·일·공휴일 10:00~21:00, 11~3월 월~금요일 09:00~18:00, 토·일·공휴일 10:00~18:00 ❌ 12월 29일~1월 3일 📞 076-443-2023 🎯 36.695856, 137.213617

흰색부터 검은색까지
색과 함께 먹는 토야마의 맛

토야마의 음식은 이름부터 색을 뽐낸다. 튀기거나 생으로 먹는 흰 새우,
국물이 검은빛인 블랙 라멘의 맛이 오감을 자극한다.

미키즈시 美喜鮨 ◀) 미키즈시

✕ 토야마만 초밥 富山湾鮨

일본을 둘러싸는 해안에 분포하는 물고기는 약 800종, 이 가운데 토야마만富山湾에서만 500종이나 서식한다고 알려져 '천연 가두리'라고 불리는 토야마. 이곳에서 잡은 제철 해산 물이 쌀과 만나 초밥이 탄생하니 맛이 없을 수가 없다. 미키즈시는 토야마가 자랑하는 생 선으로 최고의 초밥을 제공한다. 점심 때는 초밥 10피스 특상과 8피스 상 두 종류를 판다.

📍 富山県富山市桜町1-7-5 ¥ 특상特上 ¥5,500, 상上 ¥4,000 🕐 11:30~14:00(마지막 주문 13:30), 17:00~21:30(마지막 주문 20:30) ✖ 수요일 📞 076-432-7201 🎯 36.698617, 137.213551
🔎 Mikisushi Toyama

시로에비테이 白えび亭 ◀) 시로에비테에

✕ 흰 새우 白えび

흰 새우는 토야마 앞바다에서 나는 수많은 해산물 중에서도 특히 맛이 뛰어나 토야마만의 보석이라 불린다. 흰 새우가 명물로 이름을 알리기 전부터 대표 음식으로 내세웠던 시로에 비테이는 싱싱한 재료를 하나하나 손질해 제공한다. 흰 새우를 튀겨 올린 덮밥과 생새우를 그대로 올린 초밥 덮밥이 유명하다. 참고로 가장 맛있는 시기는 4~6월이다.

📍 富山県富山市明輪町1-220 JR富山駅 1F ¥ 토야마 스페셜 튀김 덮밥富山スペシャル天丼 ¥1,790
🕐 월~금 11:00~14:00, 16:00~20:00, 토·일·공휴일 11:00~20:00 ✖ 1월 1일 📞 076-433-0355
🏠 www.shiroebiya.co.jp 🎯 36.700960, 137.214164 🔎 Shiroebi-tei

멘야 이로하 麺家いろは ◀)) 멘야이로하

✕ 토야마 블랙 富山ブラック

일반 라멘과 달리 국물이 검은색을 띠어 이름 붙여진 토야마 블랙은 70여 년 전 토야마시 도시개발에 종사하던 육체노동자들의 염분 보충을 위해 만든 음식이다. 밥반찬으로도 즐길 수 있도록 간장으로 진하게 간을 한 것이 검은 국물의 비밀이다. 멘야 이로하는 생선, 흰 새우, 가다랑어포를 더해 풍미가 강한 블랙 라멘을 완성시켰다.

📍 富山県富山市新富町1-2-3 CiC B1F ✕ 토야마 블랙 라멘富山ブラッ
くらーめん 보통 ¥930, 곱빼기 ¥1,080 🕐 11:00~22:00(마지막 주
문 21:30) ✖ 연중무휴 📞 076-444-7211 🏠 www.menya-
iroha.com 🌐 36.699653, 137.212696 📍 Menya Iroha
CiC

톤페이 とんぺい ◀)) 톤페에

✕ 중화요리

맛있는 음식과 술을 합리적인 가격에 즐길 수 있어 현지인 사이에서 입소문이 자자한 이자카야. 토야마산 싱싱한 해산물로 만든 회, 생선조림, 덮밥 등이 특히 인기가 높다. 2층에 마련된 테이블이 오픈 후 얼마 지나지 않아 순식간에 꽉 찰 만큼 인기 있다는 점을 참고하자.

📍 富山県富山市桜町2-1-17 ¥ 음식 ¥330~, 음료 ¥250~
🕐 16:00~20:00 ✖ 일요일 📞 076-432-0789
🌐 36.69895, 137.21218 📍 toyamaeki tonpei

봄여름에 거대한 설벽을 만나는 방법

눈의 대계곡
雪の大谷

거울이 아닌 계절에 최저 10.5m, 최고 20m에 달하는 드높은 설벽을 어디서 볼 수 있을까? 정답은 해발 3,015m로 일본 북알프스의 최고봉인 토야마富山현의 타테야마立山 정상 부근으로 가는 것이다. 특히 4월부터 6월까지 개최되는 축제 기간에 방문하면 기분 좋게 차가운 날씨에 풍성한 볼거리까지 만날 수 있다.

눈의 대계곡 여행의 시작

세계에서 손꼽히는 대설 지역인 타테야마의 해발 2,450m 지점 무로도室堂는 매년 적설량이 20m 높이가 될 정도로 지형적으로 눈이 많이 쌓인다. 1월 하순부터 4월 중순까지 제설 작업이 이어지는데, 끊임없이 파내고 파낸 눈이 사라지면 자연스럽게 설벽이 형성된다. 눈이 녹지 않고 설벽 상태로 유지되는 4월 중순부터 6월 중순까지 볼 수 있으며, 왕복 35~45분이면 충분히 걸을 수 있는 500m 거리의 무난한 코스다.

📍 岐阜県大野郡白川村　🏠 shirakawa-go.gr.jp
📞 36.257874, 136.906218

TIP 잠깐, 타테야마 쿠로베 알펜루트立山黒部アルペンルート란?

해발 2,500~3,000m급 봉우리가 연이어 이어지는 토야마현과 나가노長野현의 북알프스산을 다양한 교통수단을 이용하며 횡단하는 산악 관광 루트다. 각 역과 정류장의 최대 높이 차이는 1,975m, 총거리는 37.2km에 이르며 대부분의 구간이 추부中部산악국립공원에 속해 있다. 버스, 전철, 케이블카, 로프웨이 등을 이용하면서 창밖 대자연을 만끽하고, 환승 구간 역 인근에 위치한 경승지도 더불어 방문할 수 있다. 눈의 대계곡은 알펜루트를 횡단하며 들를 수 있는 곳으로, 총 7개 정거장 가운데 세 번째에 해당하는 무로도室堂에 있다.

이동부터 여행의 시작

대중교통을 이용해 눈의 대계곡에 다다르기까지는 열차, 케이블카, 버스 순으로 다소 복잡한 편이며 시간도 많이 소요된다. 하지만 승차 순서를 잘 숙지하면 걱정할 만큼 어렵진 않다. 도리어 다양한 매력을 지닌 교통수단을 이용하는 기쁨을 생각하면 복잡함 정도는 감수할 만하다.

소박하고 귀여운 지방 철도를 타고 떠나는 열차 여행은 누구나 꿈꾸는 여행의 낭만이다. 녹음과 웅장한 암반이 어우러진 골짜기를 지나 저 멀리 타테야마 연봉立山連峰을 만나면 토야마를 제대로 만끽하는 것 같다. 빨간색 케이블카는 산의 급경사에 맞춰 설계된 계단식으로 놀이기구를 타는 듯한 즐거움이다. 마지막 2,450m 산정상 부근까지 여행자를 인도할 고원 버스도 열차 못지않은 풍경을 선사한다. 눈이 채 녹지 않은 하얀 설원을 감상하며 천천히 대자연을 뚫고 올라가며, 350m 길이의 소묘폭포称名滝도 중간에 만나볼 수 있다.

토야마 지방 철도

토야마 지방 철도

토야마 지방 철도

타테야마 고원 버스

타테야마 케이블카

타테야마 연봉

소묘 폭포

Access ❶

한국에서 일본으로 이동하기

○ **인천 국제공항**

　직항 ⏱ 2시간 15분

○ **토야마富山 공항**

　치테츠地鉄 버스 ⏱ 22~33분

○ **JR 전철 토야마富山역**

Access ❷

JR 전철 토야마역에서 눈의 대계곡까지 이동하기

○ **JR 전철 토야마역**

　도보 ⏱ 2분

○ **토야마 지방 철도富山地方鉄道 덴테츠토야마電鉄富山역**

　타테야마立山선 타테야마행 열차
　⏱ 65분 ¥ 일반 ¥1,230, 어린이 ¥620(좌석 지정 시 추가
　요금 일반 ¥210, 어린이 ¥110)

○ **타테야마立山역**

　타테야마역 2층 케이블카 탑승장으로 이동, 도보 1분

○ **타테야마 케이블카立山ケーブルカー**

　⏱ 7분 ¥ 일반 ¥1,090, 어린이 ¥550

○ **비조다이라美女平**

　타테야마 고원 버스立山高原バス
　⏱ 50분 ¥ 일반 ¥3,000, 어린이 ¥1,500

○ **무로도 터미널室堂ターミナル**

　도보 ⏱ 3분

○ **눈의 대계곡 속으로 출발!**

파노라마 로드

눈 축제 즐기기

매년 알펜루트가 뚫리는 4월 중순부터 6월 중순 사이 눈의 대계곡에서 개최하는 축제도 빼놓을 수 없다. 타테야마 연봉을 선명하게 볼 수 있는 시기는 봄뿐이라 놓쳐서는 안 될 기회다. '파노라마 로드パノラマロード'는 눈길을 걸으며 순백의 세계 사이로 높이 솟은 타테야마 연봉을 볼 수 있는 구역이다. 또 무로도 터미널室堂夕ーミナル 옥상과 타테야마 자연보호센터를 연결하는 보행자 전용 통로 역시 '눈의 회랑雪の回廊'으로 꾸며 8m 높이의 설벽을 찬찬히 걸어볼 수 있다.

🏠 www.alpen-route.com/enjoy_navi/snow_otani

눈의 회랑

무로도 터미널 전망대

TIP 방한용품은 필수

눈의 대계곡은 4~6월이라도 한겨울 날씨이므로 방한복이 필요하다. 따뜻한 겉옷은 물론 모자, 장갑, 목도리, 핫팩을 지참하자. 또 미끄러움 방지와 방수가 되는 트레킹 슈즈나 장화를 신는 것이 좋다.

미쿠리가 연못 보러 가기

시간이 허락된다면 무로도 터미널에서 걸어서 10분 거리인 이 지역의 심벌 '미쿠리가 연못みくりが池'에도 들러보자. 화산으로 형성된 무로도에서 가장 크고 깊은 연못이다. 설산과 푸른 호수의 아름다운 조화를 눈으로 확인하자.

타테야마 소바 먹기

타테야마 소바立山そば는 토야마 지역에만 있는 명물 소바 전문점이자 현지인이 즐겨 찾는 패스트푸드점이다. 이곳의 소바는 생선을 우린 육수와 쇼유를 베이스로 한 국물에 메밀과 밀가루를 7:3 또는 8:2 비율로 맞춘 쫄깃한 면이 특징이다.

📍 富山県中新川郡立山町室堂 室堂ターミナル1階(무로도 터미널 1층) 💴 소바 ¥900~1,100 🕐 15:00(마지막 주문 14:30) ✖ 11월 4일~4월 14일 🌐 36.5775, 137.59553 📍 murodou terminal

시장과 먹거리 따라 옛 거리 산책

타카야마
高山

타카야마는 옛 지방 행정과 문화의 중심지로 활약했던 자그마한 마을로 당시의 발전과 번영을 짐작할만한 풍경이 그대로 남아 있다. 1800년대에 조성된 거리와 목조 건물에서 옛 일본의 정취가 느껴져 '히다飛驒(옛 타카야마 지역의 명칭)의 작은 교토'라고도 불린다. 고즈넉한 분위기의 거리와 함께 이곳을 상징하는 것은 아침 시장과 최고급 품종의 소고기 '히다규飛驒牛'. '작은 교토', '아침 시장', '히다규'란 깃발을 들고 생동의 빛이 춤추는 작은 마을로 출발!

타카야마

베스트 시즌
10월 하순~11월 상순

관광안내소
· **주소** 岐阜県高山市花里町5-51
· **시간** 08:30~20:30
· **휴무** 연중무휴

찾아가기

Access
⊙ **인천 국제공항**
　직항 ⏱ 1시간 50분
⊙ **추부中部 공항**
　전철 ⏱ 28~33분
⊙ **메이테츠名鉄 나고야名古屋역**
　JR 전철 ⏱ 2시간 20분
⊙ **JR 전철 타카야마高山역**

Train
JR 전철 타카야마高山역

Bus
⊙ **나고야名古屋 메이테츠名鉄 버스 터미널**
　버스 ⏱ 약 2시간 45분
⊙ **타카야마高山 버스 터미널**

타카야마
상세지도

타카야마에선 어떻게 이동할까

타카야마의 관광 명소는 산책하듯이 둘러보기 좋다. 단, 시간적으로 여유가 없거나 걷기 싫다면 노히濃飛 버스에서 운행하는 관광 주유 버스를 이용하자. JR 타카야마역에서 출발하는 버스는 노선에 따라 마치나미まちなみ, 사루보보さるぼぼ 두 종류로 나뉜다. 이 책에 소개한 타카야마 진야와 미야가와 아침 시장, 산마치는 마치나미 버스를 이용하면 된다.

¥ 모든 버스 요금 ¥100 / 1일 자유 승차권 ¥500

 타카야마 버스 터미널

JR 타카야마역   관광안내소

● 테마 01. 아침 시장과 작은 교토

● 테마 02. 히다규 미식 로드

추부 공항
▼

오와라타마텐
おわら玉天

미야가와 아침 시장
宮川朝市

로쿠주우반
六拾番

커피 돈
Coffee Don

히다콧테우시
飛騨こって牛

산마치
さんまち

히다규만혼포
飛騨牛まん本舗

스케하루
助春

진야 당고점
陣屋だんご店

나카바시
中橋

타카야마 진야
高山陣屋

진야마에 아침 시장
陣屋前朝市

타카야마의 명소로 말하자면
#작은 교토 #전통 거리 #아침 시장

지역 주민이 직접 가꾸고 만든 물건을 파는 아침 시장은 오랜 기간 이어져 오는 전통 행사다.

타카야마에선 아침 일찍 여행길을 떠나보면 어떨까. 한적하게 대표 관광지를 구경하고 명소 주변에 위치한

아침 시장에서 타카야마 사람들의 삶 속으로 들어가 보자

타카야마 진야 高山陣屋 ◆) 타카야마진야

1703년 타카야마의 성주 카나모리金森의 별장에 세운 관청. 1600년대부터 1800년대까지 일본을 지배했던 에도 막부가 목재와 광물 자원이 풍부한 히다노구니飛驒国(당시의 타카야마)를 직할령으로 삼아 지배하기 시작했고, 이때 행정을 도맡으며 정치를 하고자 세운 관청 중 하나가 바로 타카야마 진야다. 약 180년간 정무를 집행했으며, 이런 곳이 전국에 60개 넘게 자리했으나 예전 모습 그대로 보존된 곳은 여기뿐이다. 당시 사용했던 물건들이 고스란히 전시되어 있고, 오랜 시간 공들인 끝에 거의 모든 공간을 완벽하게 복원해 당시 모습을 생생하게 엿볼 수 있다. 운치 있는 풍경을 자아내는 정원은 사시사철 변화하는 모습을 드러내는데, 단풍이 뒤덮이는 가을에 찾는 사람이 많다.

📍 岐阜県高山市八軒町1-5 ¥ ¥440 ⏱ 3~10월 08:45~17:00, 11~2월 08:45~16:30 ❌ 12월 29일~1월 1일 📞 0577-32-0643
🏠 www.pref.gifu.lg.jp/kyoiku/bunka/bunkazai/27212
🌐 36.139638, 137.257605

함께 들르면 좋은 곳

관광 전 장보기는 여기서
진야마에 아침 시장 陣屋前朝市 🔊진야마에아사이치

치바千葉의 카츠우라勝浦, 이시카와石川의 와지마輪島와 함께 일본에서 세 손가락 안에 드는 아침 시장. 1820년경 뽕나무 전용 시장으로 시작해 양잠업이 부진하면서 잠정 중단되었다가 1894년 직접 재배한 채소와 꽃을 판매하는 시장으로 재출발했다. 대표적인 관광 명소인 타카야마 진야 바로 앞 공터에서 열려 알려진 면도 있으나, 시장이 가진 기나긴 역사 덕에 더욱 유명세를 탔다고 할 수 있다. 채소, 과일, 반찬, 조미료는 물론 민예품 역시 수제품을 고집한다.

📍岐阜県高山市八軒町1-5 🕐07:00~12:00 ❌부정기
📞0577-32-3333 🏠www.jinya-asaichi.com
🌐36.139648, 137.258215 📍Morning market Jinyamae

아침을 깨우는 복작복작 시장

미야가와 아침 시장 宮川朝市 🔊 미야가와아사이치

미야가와강을 따라 길게 이어지는 350m 노상에서 매일 열리는 아침 시장.
많을 때는 50여 개 업체가 참가할 만큼 성황을 이룬다. 직접 재배한 신선한
채소와 과일, 수제 잡화, 입을 즐겁게 하는 길거리 음식 등 내세우는 품목도
각양각색이다. 오전 8시부터 11시 사이가 가장 활발한 시간대로, 거의 모든
점포가 문을 열고 야외 매대도 대부분 영업을 시작해 시장 본연의 모습을
온전히 누릴 수 있다. 11시 30분이 넘으면 파장 분위기이니 참고하자.

📍岐阜県高山市下三之町 🕐 4~10월 07:00~12:00, 12~3월 08:00~12:00
❌ 부정기 📞 080-8262-2185 🏠 www.asaichi.net 🎯 36.143368, 137.258170

TIP 타카야마의 마스코트,
사루보보 さるぼぼ

아기 원숭이를 의미하는 사루보보는 타카야마
사람들의 부적으로 쓰이는 자그마한 인형이다.
인형이 없던 시절 엄마가 아이에게 만들어준 장
난감에서 유래한 것으로, 가정이 원만하고 재난
은 사라지도록 기원하고자 지닌다고 알려져 있
다. 시장이나 기념품점에서 만나볼 수 있다.

함께 들르면 좋은 곳

아침에 모닝커피 한잔
커피 돈 Coffee Don ◀) 코오히돈

아침 시장을 둘러본 후 잠깐 휴식을 취하
기에 제격이다. 1951년 문을 연 이래 이
른 아침부터 밤까지 변함없는 서비스를
제공하며 한결같은 커피 맛을 추구하는
일본식 다방이다. 온 가족이 정성을 들여 만
드는 디저트와 샌드위치도 판매하며, 오전 11시까지 커피, 토스트, 주
스, 삶은 달걀을 650엔에 제공하는 모닝 서비스도 실시한다.

📍 岐阜県高山市本町2-52 ¥ 커피 ¥450, 디저트 ¥350
🕐 07:00~19:00 ❌ 화요일 📞 0577-32-0968
🏠 www.coffee-don.jp 🌐 36.142748, 137.257535

100년의 시간을 산책하다
산마치 さんまち ◀» 산마치

타카야마 관광의 중심지. 타카야마의 옛 거리 모습이 그대로 남아 있는 구역으로 6개 거리를 총칭해 산마치라 부른다. 거리의 건물 대부분이 100년 이상의 역사를 지니고 있으며, 상공업자들의 거주지로 번성했던 옛 상업 마을 시절을 간접적으로나마 체험할 수 있다. 현재는 타카야마 관광의 중심지로 먹거리와 쇼핑을 즐길 수 있다. 주말이나 공휴일에는 발 디딜 틈 없이 어딜 가도 문전성시를 이룬다. 되도록 평일에 방문해 느린 걸음으로 산책하며 거리를 음미하는 것이 가장 좋은 방법이다. 거리를 떠도는 관광 인력거도 종종 목격되는데, 1970년대에 일본에서 처음 등장한 원조다.

📍 岐阜県高山市上三之町20　🕑 36.141290, 137.259647
🔍 Sanmachi, Sanmachi Suji

╴┃╶ 함께 들르면 좋은 곳

포토제닉한 붉은 다리
나카바시 中橋 ◀» 나카바시

시내 중심부에 흐르는 미야가와宮川강에 걸터앉은 주홍색 다리는 타카야마의 상징으로도 불릴 만큼 다양한 장면을 만들어낸다. 그저 붉게 칠한 평범한 다리지만 봄이면 벚꽃과 함께 축제가 펼쳐지고, 가을에는 울긋불긋하게 물든 단풍과 어우러져 시선을 끈다. 그림 같은 풍경을 감상하고 싶다면 봄에는 4월 중순, 가을에는 10월 하순에 방문할 것.

📍 岐阜県高山市川原町49　🕑 6.140013, 137.259193
🔍 Nakabashi Takayama

THEME 02

길 따라 맛 따라
히다규 미식 로드

타카야마 거리 곳곳에서 만나게 되는 맛있는 길거리 음식들! 특히 일본 전국에서 으뜸을 다투는
고급 품종의 소고기 '히다규飛騨牛'를 내세운 먹거리가 많은 편이다. 다채로운 풍미와 식감을 지녀
입맛을 돋우기에 최고다. 히다규를 다양하게 즐길 수 있는 타카야마의 맛집을 소개한다.

겉은 바삭 속은 촉촉 커틀릿
스케하루 助春 ◀)) 스케하루

창업 90주년을 맞이한 노포 정육점이 탄생시킨 민스 커틀릿도 빼놓을 수 없다. 감칠맛 나는 육즙이 특징인 히다규와 달달함이 극대화된 양파, 현지에서 난 신선한 달걀, 담백한 맛을 내는 마를 사용해 최상의 맛을 이끌 어낸다. 커틀릿 외에 크로켓, 새우튀김, 튀김꼬치, 양파 튀김 등도 인기를 끌고 있다.

📍 岐阜県高山市上一之町19 ¥ 히다규 민스 커틀릿飛騨牛ミ ンチカツ ¥380 🕐 10:00~17:00 ❌ 화요일 📞 0577-35- 3663 🏠 www.takayama-sukeharu.com 📍 36.140908, 137.260718 🔎 Sukeharu

따뜻한 고기만두
히다규만혼포 飛騨牛まん本舗 ◀)) 히다규우만혼포

타카야마 사람들의 히다규 사랑은 끝이 없어 이윽고 고기만두까지 등장 했다. 엄밀히 말하자면 호빵에 가까운 형태다. 육즙이 좌르르 흘러나오며 폭신한 빵과 어우러지는 순간을 꼭 음미하길.

📍 岐阜県高山市上二之町53
¥ 히다규만 飛騨牛まん ¥500
🕐 09:00~16:30 ❌ 부정기
📞 057-736-0264
📍 36.14135, 137.25936
🔎 hidagyuuman honnpo

히다콧테우시 | 飛騨こって牛 ◀)) 히다콧테우시

소고기 초밥 3종 세트

맛이 각기 다른 3가지 소고기 초밥을 접시 대신 새우와 파래를 넣어 만든 센베이 전병에 얹어서 주는 독특한 음식점. 히다규 중에서도 으뜸 등급으로 꼽히는 5등급 희소 부위의 소고기를 사용하며, 초밥에 들어가는 밥, 소금, 김, 생강 등의 재료도 엄선한 것들만 쓴다. 3종 세트는 소고기를 베이스로 한 소금 맛, 생강 간장 맛, 김 말이로 구성된다.

📍 岐阜県高山市上三之町34 ¥ 3종 세트三種盛り ¥1,000 🕐 10:00~17:00 ❌ 연중무휴 📞 0577-37-7733 🏠 www.takayama-kotteushi.jp
📡 36.141996, 137.259239 🔎 히다콧테시

최고급 히다규 꼬치
로쿠주우반 | 六拾番 ◀)) 로쿠주우방

타카야마에서 가장 많이 보이는 길거리 음식은 히다규 꼬치飛騨牛の串焼き다. 주문을 받은 후 굽기 때문에 뜨끈뜨끈한 꼬치를 맛볼 수 있다. 다양한 가게 중 A5 등급 안심살을 사용하는 꼬치 스탠드 '로쿠주우반'이 가장 알려져 있다.

📍 岐阜県高山市上三之町60 ¥ A5 히다규 아츠기리쿠시 A5飛騨牛厚切り串 ¥1,000 🕐 10:00~16:00 ❌ 부정기(인스타그램 참조) 📷 umber60 📞 0577-33-2683
📡 36.143262, 137.258814

오와라타마텐 おわら玉天 🔊 오와라타마텐

동전 하나 값으로 맛보는 디저트

여태까지 맛본 적 없는 새로운 식감의 화과자 타마텐玉天. 달걀, 설탕, 한천을 조합해서 만들어 맛이 순하고 부드럽다. 겉을 적당히 구워 속은 푹신하면서 전체적으로 탱글탱글한 식감도 느껴진다.

📍 岐阜県高山市下三之町33 ¥ 타마텐玉天 ¥120 🕐 10:00~17:00 ❌ 연중무휴
📞 0577-34-1810 🌐 36.145014, 137.257961 📍 Takayama Rinseido

타카야마식 짭짤한 떡꼬치
진야 당고점 陣屋だんご店 🔊 진야당고텐

설탕과 간장을 섞어 걸쭉하게 끓인 소스를 떡에 뿌려 구운 미타라시당고みたらしだんご는 타카야마의 명물. 미타라시당고는 본래 달달한 맛이 강한 일본의 전통 떡꼬치인데, 단맛을 줄이고 간장 소스를 뿌려 짭짤한 풍미가 느껴지는 타카야마식으로 변형했다.

📍 岐阜県高山市本町1-47 ¥ 당고だんご ¥90
🕐 09:00~16:00 ❌ 화·수요일 📞 0577-34-9139
🌐 36.140003, 137.258474 📍 Jinya Dango

리얼 일본 소도시

PART
03

九州

가장 이국적인 여행지를
만나는 방법

큐슈

가장 이국적인 여행지로 떠나볼까
큐슈의 소도시들

우리나라에서 가장 가까운 일본 열도인 큐슈는 부산보다 아래에 위치해
연평균 16~18°C로 따뜻하다. 큐슈 최상단, 혼슈의 최하단에
맞닿아 있는 항구 도시 시모노세키부터 시모노세키와 터널로 연결된
키타큐슈, 중국과 유럽의 모습이 공존하는 나가사키, 귀여운 쿠마몬
캐릭터의 천국 쿠마모토, 트로피컬 무드로 가득한 미야자키, 모래 위에
누워 땀을 빼는 온천 마을 이부스키까지 큐슈의 소도시를 소개한다.

큐
슈

★★★ 해저 터널로 이어진 두 도시를 여행하는 법, **시모노세키&키타큐슈**
★★★ 노면 전차 타고 즐기는 레트로 여행, **나가사키**
★☆☆ 볼 빨간 검정 곰으로 스타가 된 역사 도시, **쿠마모토**
★★☆ 태평양과 어우러진 절경으로의 도피, **미야자키**
★★☆ 기차 타고 떠나는 모래 온천 마을, **이부스키**

시모노세키

키타큐슈

쿠마모토

나가사키

미야자키

이부스키

코스부터 이동까지
큐슈를 여행하는 방법

큐슈 하면 후쿠오카 여행을 떠올렸다면 이제 큐슈의 다양한 소도시로 눈을 돌릴 차례다.
3일 이상 큐슈의 소도시들을 돌아볼 계획이라면 일정 기간 동안
정해진 교통수단을 자유롭게 이용할 수 있는 패스도 함께 구매해보자.

큐슈 여행 교통 정보

키타큐슈 ↔ 나가사키

🚄 2시간 15분
코쿠라→신토스新鳥栖(환승)→타케오온센武雄温泉(환승)→나가사키

🚌 3시간 8분
니시테츠西鉄 버스

키타큐슈 ↔ 쿠마모토

🚄 55분
JR 산요신칸센山陽新幹線

🚌 직행이 없고 환승이 번거로우므로 열차 권장

나가사키 ↔ 쿠마모토

🚄 2시간
나가사키→타케오온센武雄温泉(환승)→신토스新鳥栖(환승)→쿠마모토

🚌 3시간 45분
나가사키켄에이長崎県営 버스 또는 산코産交 버스

나가사키 ↔ 이부스키

🚄 5시간
나가사키→타케오온센武雄温泉(환승)→신토스新鳥栖(환승)→카고시마추오鹿児島中央(환승)→이부스키

🚌 직행이 없고 장시간 소요되므로 열차 권장

쿠마모토 ↔ 이부스키

🚄 3시간
쿠마모토→카고시마추오鹿児島中央(환승)→이부스키

🚌 직행이 없고 장시간 소요되므로 열차 권장

키타큐슈 ↔ 이부스키

🚄 3시간 20분
코쿠라→카고시마추오鹿児島中央(환승)→이부스키

🚌 직행이 없고 환승이 번거로우므로 열차 권장

키타큐슈 ↔ 미야자키

🚄 4시간 35분
JR 특급니치린시가이아特急にちりんシーガイア

🚌 직행이 없고 장시간 소요되므로 열차 권장

나가사키 ↔ 미야자키

🚄 5시간 5분
직행이 없고 장시간 소요되므로 버스 권장

🚌 5시간 17분
나가사키켄에이長崎県営 버스 또는 미야자키교통宮崎交通 고속버스

쿠마모토 ↔ 미야자키

🚄 직행이 없고 환승이 번거로우므로 버스 추천

🚌 3시간 23분
산코産交 버스 또는 미야자키교통宮崎交通 고속버스

미야자키 ↔ 이부스키

🚄 3시간 30분
미야자키→카고시마추오鹿児島中央(환승)→이부스키

🚌 직행이 없고 장시간 소요되므로 열차 권장

추천 코스에 꼭 맞는 알뜰 티켓

전 큐슈 산큐패스 SUNQパス

큐슈 지역의 교통을 책임지는 회사들이 합심해 만든 버스 자유 승차권. 후쿠오카(키타큐슈), 나가사키, 쿠마모토, 미야자키, 카고시마(이부스키) 등 큐슈 전 지역의 고속버스와 시내버스, 선박을 3~4일간 자유롭게 이용할 수 있으며 이와 더불어 이 책에 소개한 시모노세키 지역에서도 사용할 수 있다. 인기 있는 일부 장거리 노선은 사전에 온라인으로 예약해놓아야 한다. 예약 수수료는 무료이다.

¥ 3일권 ¥11,000, 4일권 ¥14,000

JR 전 큐슈 레일패스
JR All Kyushu Rail Pass

JR 전철이 발행한 외국인 여행자 전용 패스. 후쿠오카, 나가사키, 카고시마, 미야자키, 쿠마모토 등 큐슈 전 지역의 보통열차와 특급열차, 후쿠오카 하카타와 카고시마 카고시마추오 간 신칸센新幹線을 3~7일간 자유롭게 이용할 수 있다. 국내에서 패스 구매 후 일본 현지에서 개시할 것. 타마테바코, 유후인노모리의 경우, 성수기에는 인기가 많으므로 한국에서 미리 JR 패스 홈페이지를 통해 좌석을 예약하는 것이 좋다. 예약대행금은 인당 1,000엔이다.

¥ 3일권 일반 ¥17,000, 어린이 ¥8,500/ 5일권 일반 ¥18,500, 어린이 ¥9,250/ 7일권 일반 ¥20,000, 어린이 ¥10,000

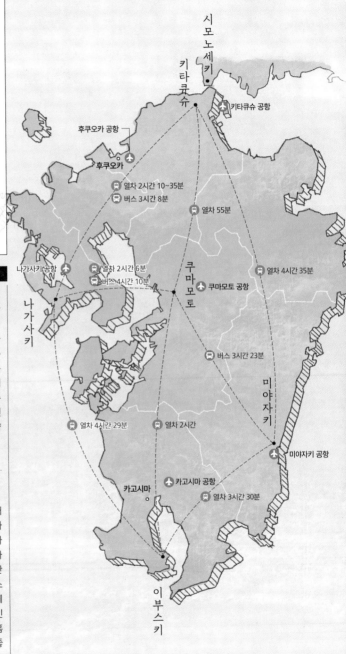

터널로 이어진 두 도시
시모노세키&키타큐슈
下関&北九州

시모노세키는 일본 열도에서 가장 큰 섬 혼슈本州 최서단에 있는 도시로, 예부터 해상 교통의 요충지이자 복어로 대표되는 싱싱한 해산물의 산지로 유명하다. 시모노세키 아래 위치하는 키타큐슈는 큐슈九州 지역 최북단인 후쿠오카현의 관문이자 일본에 20곳밖에 없는, 인구가 50만 명이 넘는 정부 지정 대도시다. 또한 혼슈와 큐슈 사이에 낀 칸몬関門 해협은 두 지역의 특성을 동시에 느낄 수 있어 매년 수많은 관광객이 방문하는 지역이다. 항구 도시가 만들어낸 개성 강한 즐길 거리는 어느 하나도 놓칠 수 없이 매력적이다.

시모노세키
키타큐슈

베스트 시즌
사계절 언제나

관광안내소
시모노세키
· **주소** 山口県下関市竹崎町4-3-1
　　　　　(JR 전철 시모노세키역 내)
· **시간** 09:00~18:00 · **휴무** 1월 1일

키타큐슈
· **주소** 福岡県北九州市門司区西海岸
　　　　　1-5-31(JR모지코역 1층)
· **시간** 09:00~18:00 · **휴무** 연중무휴

찾아가기
Access
인천국제공항
┊ 직항 ⏱1시간 35분
키타큐슈北九州 공항
┊ 전철 ⏱20분
JR 코쿠라小倉역

Train 1
JR 코쿠라小倉역
┊ 전철 ⏱20분
JR 시모노세키下関역

Train 2
JR 코쿠라小倉역
┊ 전철 ⏱15분
JR 모지코門司港역

시모노세키와 키타큐슈로 여행을 떠나요
칸몬 해협 한 바퀴

관광열차, 유람선, 버스 등 다양한 교통수단을 이용해 칸몬 해협 구석구석을 돌아보자.
당일치기도 가능하지만, 1박 2일로 일정을 잡아 하루는 시모노세키를 둘러보고
키타큐슈로 이동해 다음 날 남은 일정을 소화하며 여유롭게 즐기는 것이 가장 좋은 방법이다.

AREA 02
조카마치초후
城下町長府

버스, 25분

버스, 15분

칸몬 터널 입구
(시모노세키)

칸몬 터널

칸몬 터널 입구
(키타큐슈)

AREA 01
카라토
唐戸

시오카제호(배), 10분

시모노세키역
(카이쿄 유메 타워)

AREA 03
모지코
門司港

칸몬키센(배)&버스, 30분

전철, 13분

칸몬 해협
関門海峡

AREA 04
코쿠라
小倉

추천 루트
❶ 카라토
⋮ 버스 ⏱ 25분
❷ 조카마치초후
⋮ 버스 ⏱ 15분
❸ 칸몬 터널
⋮ 시오카제호 ⏱ 10분
❹ 모지코
⋮ 칸몬키센&버스 ⏱ 30분
❺ 시모노세키역(카이쿄 유메 타워)
⋮ 전철 ⏱ 13분
❻ 코쿠라

걷고 배 타고 열차 타고
두 도시를 특별하게 여행하는 방법

버스+관광열차 시오카제潮風호+연락선 칸몬키센関門汽船 각 1회 승차권이 포함된 티켓.

💴 일반 ¥800, 어린이 ¥400 🚌 버스 카라토-칸몬 터널 간 산덴サンデン 노선 🚃 시오카제호 칸몬카이쿄메카
리関門海峡めかり역-큐슈테츠도키넨칸九州鉄道記念館역 노선 ⛴ 칸몬키센 카라토唐戸-모지코門司港 노선

1 두 도시를 잇는 터널을 걸어서

칸몬 터널은 시모노세키와 키타큐슈 사이 칸몬 해협을 잇는 길이 780m의 해저 터널이다. 지상과 지하로 나뉘어 있으며 지상은 차도, 지하는 보행자 전용 도로다. 엘리베이터를 타고 지하 55m의 터널로 내려가 15분쯤 걸으면 키타큐슈의 모지門司 지역으로 진입한다. 터널 정중앙에 시모노세키가 있는 야마구치山口현과 키타큐슈가 있는 후쿠오카福岡현의 경계를 나타낸 표식이 있으니 기념촬영을 해보자. 각 엘리베이터 부근에 설치된 기념 스탬프를 찍어 관광안내소에 제출하면 터널을 돌파한 기념증関門TOPPA!記念証도 준다.

[칸몬 터널 인도 関門トンネル人道 🔊 칸몬톤네루진도오] 🔘 下関市みもすそ川町22 💴 보행자 무료, 자전거·스쿠터 ¥20 🕐 06:00~22:00 ❌ 연중무휴 📞 083-222-3738 📍 시모노세키 33.965374, 130.956040, 키타큐슈 33.961334, 130.963014

2 해협 사이를 달리는 연락선을 타고

칸몬 터널을 걸어서 이동하기 어렵다면 칸몬 해협을 연결하는 연락선을 이용하자. 단 5분 만에 시모노세키의 카라토唐戸와 키타큐슈의 모지코門港에 도착하는 것은 물론, 바닷바람을 맞으며 해협의 전경을 즐길 수 있어 관광 목적으로 이용해도 좋다. 20분 간격으로 시간당 3회 운행해 대기 시간도 적은 편이다.

[칸몬키센 関門汽船 🔊 칸몬키센] 🔘 카라토 선착장 下関市あるかぽーと1-15, 모지코 선착장 北九州市門司区西海岸1-4-1 💴 편도 일반 ¥400, 어린이 ¥200 🕐 월~금요일 06:00~21:30, 토·일·공휴일 07:00~21:30(카라토 기준) 📞 카라토 083-222-1488, 모지코 093-331-0222 🏠 www.kanmon-kisen.co.jp 📍 카라토 33.955994, 130.942804, 모지코 33.945999, 130.960706

3 모지코로 가는 관광열차를 타고

시오카제호는 칸몬 터널 모지코 방향 인근부터 모지코역 앞에 자리한 큐슈 철도 기념관까지 연결하는 관광열차다. 시모노세키에서 터널을 통해 모지코로 들어갈 경우, 터널 끄트머리에서 중심가까지 거리가 2km 남짓이라 걷기에는 애매하다. 이럴 때 이 열차를 타자. 단, 3월부터 11월까지 운행하며 일부 기간을 제외하곤 토요일과 일요일, 공휴일에만 운영한다.

[시오카제호 潮風号 🔊 시오카제고] 🔘 北九州市門司区大字門司(칸몬카이쿄메카리関門海峡めかり역) 💴 편도 일반 ¥300, 어린이 ¥150 🕐 3~11월 토·일·공휴일 10:00~17:00(시간표와 운행 날짜는 홈페이지 참조) 📞 093-331-1065 🏠 www.retro-line.net 📍 33.960682, 130.967273(칸몬카이쿄메카리역)

시모노세키 여행은 이곳부터!
카라토 唐戸

카라토는 시모노세키 여행의 핵심 지역으로 JR 전철 시모노세키역에서 버스로 약 10분 거리다.

카라토 내 볼거리는 대부분 몰려 있어 걸어서 이동 가능하며, 아침 이벤트를

개최하는 시장을 먼저 둘러본 다음 해협 해안을 따라 차근차근 둘러보는 것이 정석 코스다.

카라토
상세지도

0   100m

아카마 신궁
赤間神宮

구 시모노세키 영국 영사관
旧下関英国領事館

구 아키타 상회 빌딩
旧秋田商会ビル

카라토 버스 정류장

칸몬키센 카라토 선착장

카몬워프
カモンワーフ

카라토 시장
唐戸市場

하이카랏토요코쵸
はい!からっと横丁

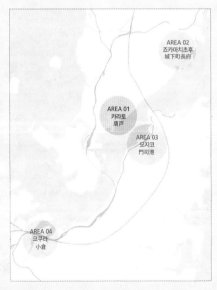

AREA 02
조카마치초후
城下町長府

AREA 01
카라토
唐戸

AREA 03
모지코
門司港

AREA 04
코쿠라
小倉

카라토 시장 唐戸市場 🔊 카라토이치바

바다 내음 맡으며 해산물 삼매경

시모노세키가 자랑하는 복어, 도미, 방어 등 칸몬 해협의 싱싱한 해산물을 판매한다. 전국적 인지도를 가진 시장으로 해산물을 잡은 어부와 직접 흥정하면서 구매할 수 있는데, 이는 시장 내 청과물과 생화도 마찬가지다. 대부분의 가게가 매일 영업하지만 가능하면 금요일부터 일요일까지, 공휴일을 노리자. 그날 잡은 생선으로 만든 초밥, 해산물 덮밥, 튀김 등을 합리적인 가격에 제공하는 이벤트 '이키이키바칸가이活きいき馬関街'를 개최하기 때문. 금·토요일은 오전 10시, 일요일·공휴일은 오전 8시부터 시작하므로 재료가 싱싱하고 해산물 종류가 많은 아침 시간에 방문하는 것이 좋다. 점심시간에는 인파가 몰려 발 디딜 틈이 없다는 점도 참고하자.

📍 山口県下関市唐戸町5-50 🕐 시장 월~토요일 05:00~15:00, 일·공휴일 08:00~15:00/ 이키이키바칸가이 금·토요일 10:00~15:00, 일·공휴일 08:00~15:00 📞 083-231-0001
🏠 www.karatoi.chiba.com 📍 33.956999, 130.945938

하이카랏토요코초 はい！からっと横丁 🔊 하이카랏토요코초

대관람차, 제트코스터, 회전목마, 회전그네 등 14종류의 놀이기구를 갖춘 시모노세키의 유일한 유원지. 입장은 무료이며, 놀이기구를 탈 때마다 요금을 지불하거나 회수권, 1일 자유 이용권 등을 구매해도 된다. 어린이도 안심하고 탈 수 있는 아기자기한 시설을 갖추고 있다.

📍山口県下関市あるかぽーと1-40 ¥입장료 무료, 탑승료 각 ¥100~700, 1일 자유 이용권 초등학생 이상 ¥2,200(쿠폰 할인 ¥1,900), 만 3세 이상~미취학 아동 ¥1,300(쿠폰 할인 ¥1,100) 16세 이상 1인+미취학 아동 1인 ¥2,900(haikarat.com/coupon 홈페이지 쿠폰 지참 시 할인) 🕙10:00~18:00(시기마다 상이, 홈페이지 참조) ❌수요일 📞083-229-2300 🏠haikarat.com 🧭33.953095, 130.941272 🔎하이！카랏토요코초

조선통신사가 머물렀던 신사
아카마 신궁 赤間神宮 🔊 아카마진구

여덟 살 어린 나이에 생을 마감한 안토쿠安德 일왕을 모시는 신사다. 안토쿠는 1185년 무사 집단 간 벌인 단노우라源平壇ノ浦 전투에서 패하자 일파와 함께 시모노세키 앞바다에 몸을 던져 죽었다. 이 신사는 이름처럼 붉은색을 많이 사용한 것이 특징이며, 안토쿠가 죽은 해에 창건했다. 일본에 파견된 외교 사절단 '조선통신사'가 시모노세키에 상륙해 머물렀던 곳이기도 해 한국인에겐 그 의미가 남다르다. 신궁 건너편에 상륙 기념비도 세워져 있다.

📍山口県下関市阿弥陀寺町4-1 ¥무료, 보물전宝物殿 ¥100 🕙24시간 ❌연중무휴 📞083-231-4138 🏠www.tiki. ne.jp/~akama-jingu 🧭33.959351, 130.948691

카몬워프 カモンワーフ ◀)) 카몬와아후

'먹고 즐기며 바다 느끼기'가 콘셉트인 복합 상업 시설. 내부 음식점과 푸드코트에서는 일대에서 잡은 해산물에 카라토 시장에서 직송한 신선한 재료를 더해 다양한 음식을 제공한다. 시모노세키를 추억할 수 있는 특산품도 판매해 기념품 쇼핑에도 제격이다.

♥ 山口県下関市唐戸町6-1 ¥ 무료 ① 09:00~22:00
❌ 연중무휴 📞 083-228-0330 🏠 www.kamonwharf. com 🌐 33.956609, 130.944263

일본 근대 건축물의 대표 격
구 아키타 상회 빌딩 旧秋田商会ビル
◀)) 큐우아키타쇼오카이비루

일본 근대 건축사를 대표하는 건축물로 1915년에 완공했다. 서일본 지역에서 처음으로 철골 철근 콘크리트 구조로 지었으며, 옥상에 일본 정원도 갖춘 등 건축 문화의 선진화를 입증하는 귀중한 건축물로 평가받는다. 현재는 옥상을 제외한 내부만 공개하고 있다.

♥ 山口県下関市南部町23-11 ¥ 무료
① 10:00~16:00 ❌ 화·수요일 📞 083-231-4141
🌐 33.956893, 130.941962

구 시모노세키 영국 영사관 旧下関英国領事館 ◀)) 큐우시모노세키 에에코쿠료오지칸

1906년 영국 영사관으로 사용할 목적으로 지은 건물로 현존하는 영사관 건물 가운데 가장 오래되었다. 당시 외교, 경제, 교통의 거점이었던 시모노세키를 서일본의 중심지로 보고 설치했다고 전해진다. 빨간 벽돌과 하얀 석재의 대비가 특징이다.

♥ 山口県下関市唐戸町4-11 ¥ 무료 ① 09:00~17:00
❌ 화요일(공휴일이면 개관) 📞 083-235-1906
🏠 www.kyu-eikoku-ryoujikan.com
🌐 33.956965, 130.943166

지역의 관문
시모노세키역 下関駅 ◀》 시모노세키에키

오래전부터 혼슈 서쪽의 상업 중심지로 시모노세키의 관문
역할을 해왔다. 그 덕에 시모노세키 다이마루下関大丸 백화점
을 비롯해 시몰 시모노세키シーモール下関, 리피에ripie, 그린몰
グリーンモール 등 각종 쇼핑 시설이 역 부근에 모여 있다.

우뚝 솟은 시모노세키의 전망대
카이쿄 유메 타워 海峡ゆめタワー ◀》 카이쿄오유메타와

높이가 153m나 되는 시모노세키의 대표 랜드마크. 바깥이
훤히 보이는 투명 엘리베이터를 타면 70초 만에 도착하는
28층 원형 전망실에서는 260도 파노라마로 도시를 조망할
수 있다. 밤이 되면 건물 자체가 빛나는 라이트업 이벤트를 실
시하며, 요일마다 점등하는 색이 바뀐다.

📍 山口県下関市豊前田町3-3-1 ¥ 일반 ¥600, 초등학생~고등
학생·65세 이상·외국인 ¥300, 미취학 아동 무료
🕐 09:30~21:30 (마지막 입장 21:00) ✕ 1월 넷째 주 토요일
📞 083-231-5600 🏠 www.yumetower.jp
◉ 33.949854, 130.929557

AREA
02

시모노세키의 작은 교토
조카마치초후 城下町長府

칸몬 해협 주변과는 분위기가 전혀 다른 이 지역은 크기는 아담하지만 일본의
크고 작은 역사의 배경지로 등장하며 강한 존재감을 드러낸 곳이다. 1,800년 전 모습을
그대로 간직한 덕분에 일본의 옛 모습을 소소하게 만끽할 수 있다.

조카마치초후
상세지도

조카마치초후 버스 정류장  ▶

초후모리 저택
長府毛利邸

후루에쇼지
古江小路

코잔지
功山寺

AREA 02
조카마치초후
城下町長府

AREA 01
카라토
唐戸

AREA 03
모지코
門司港

AREA 04
코쿠라
小倉

일본 전통 가옥을 체험하고 싶다면

초후모리 저택 長府毛利邸 ◁» 초오후모오리테에

모리 가문의 14대 영주였던 모리모토토시毛利元敏가 도쿄에서 시모노세키로 돌아와 지은 저택으로 1903년에 완성해 1919년까지 사용했다. 일본의 전통 가옥을 체험하기 좋은 곳으로 일부 공간은 당시 모습이 그대로 남아 있으며, 저택 내부 정원은 연못을 중심으로 주변에 산책로를 낸 지천회유식池泉回遊式으로 조성되어 있다. 시기마다 피어나는 꽃이 달라 사계절의 변화를 다양하게 느낄 수 있다. 홈페이지 오모테나시おもてなし 페이지를 인쇄해서 창구에 제시하면 계절의 풍경이 담긴 책갈피를 주니 꼭 참여해보자.

📍 山口県下関市長府惣社町4-10 ¥ 일반 ¥210, 초·중학생 ¥100 🕐 09:00~17:00(마지막 입장 16:40) ❌ 12월 28일~1월 4일 📞 083-245-8090 🏠 s-kanrikousha.com/mouriteitop.html 🎯 33.997574, 130.984136

코잔지 功山寺 ◆)) 코오잔지   국보로도 지정된 사찰

모리毛利 가문의 보리사로 1320년에 세웠다. 참고로 보리사란 선조의 위패를 안치해 가문의 안녕을 비는 개인 소유의 절을 뜻한다. 이 가문의 초대 영주인 모리히데모토毛利秀元는 천하통일을 이루고 에도 막부를 수립하는 데 큰 공을 세운 인물인데, 아이러 니하게도 막부 집권을 무너뜨리려던 인물 타카스기 신사쿠高杉晋作가 타도를 모의하 는 장소로 쓰이기도 했다. 경내에 타카스기 신사쿠의 동상도 세워져 있으며, 일본에 서 가장 오래된 선사禅寺 양식을 갖춘 불전은 일본 국보로 지정되어 있다. 붉은빛으로 물드는 단풍 시기가 특히 아름답다고 알려져 있다.

📍 山口県下関市長府川端1-2-3 💰 무료 🕐 24시간 ❌ 부정기 📞 083-245-0258
🌐 33.995993, 130.981937

타카스기 신사쿠 동상

코잔지의 불전

후루에쇼지 古江小路 ◆)) 후루에쇼오지   옛 거리를 타박타박

일본의 옛 도시 형태 중 하나로, 영주의 거성을 중 심으로 형성된 도시를 '조카마치城下町'라 한다. 후 루에쇼지는 이러한 조카마치의 옛 모습이 가장 선 명하게 드러나는 거리다. 전투에 대비해 흙담을 방 벽 삼아 구축하고, T자 형태의 골목길을 다수 만 들어 미로처럼 보이게 한 점이 이색적이다.

📍 山口県下関市長府古江小路町
🌐 33.997512, 130.986118 🔍 후루에 골목

키타큐슈의 복고풍 항구 도시
모지코 門司港

화려했던 과거의 영광을 그대로 간직한 채 향수를 자극하는 도시.
1889년 개항하면서 중국과의 무역 기지이자 일본 국내 항로의 거점으로
큰 활약을 펼쳤는데, 이는 요코하마橫浜, 고베神戸와 견줄 만한 규모였다.
이후 전쟁을 거듭하며 점차 쇠락의 길을 걷다 1995년 지자체와
민간 기업의 노력으로 관광지로 재탄생했다. 당시 건축 양식으로 지은 복고풍 건축물과
최신 건축물이 조화를 이루며 세련되고 멋스러운 분위기를 자아낸다.

모지코
상세지도

0　90m

모지코 레트로 전망실
門司港レトロ展望室

다롄 우호 기념관
大連友好記念館

블루윙 모지
ブルーウィングもじ

구 모지 세관
旧門司税関

칸몬키센 모지코 선착장

구 오사카 상선
旧大阪商船

해협 플라자
海峡プラザ

베어프루츠
BEAR FRUITS

JR 모지코역

구 모지 미츠이 클럽
旧門司三井倶楽部

구 다롄 항로 하역장
旧大連航路上屋

큐슈 철도 기념관
九州鉄道記念館

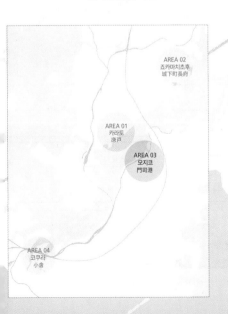

AREA 02
죠카마치쵸후
城下町長府

AREA 01
카라토
唐戸

AREA 03
모지코
門司港

AREA 04
코쿠라
小倉

열차 마니아 모여라
큐슈 철도 기념관 九州鉄道記念館
◀) 큐우슈우테츠도오키넨칸

철도의 역사를 다채로운 형식으로 소개하는 미니
테마파크로, 큐슈 지역 최초의 철도회사인 '큐슈
철도회사'의 본사 건물을 활용해 만들었다. 실제
객차로 쓰였던 차량을 비롯해 각종 철도 관련 실
물이 전시되어 있으며, 열차의 모의운전을 체험할
수 있는 공간도 있다.

♀ 福岡県北九州市門司区清滝2-3-29 ¥ 일반 ¥300,
중학생 이하 ¥150, 3세 이하 무료 🕘 09:00~17:00(마지
막 입장 16:30) ✖ 둘째 주 수요일(8월 제외, 7월은 둘째
주 수·목요일, 공휴일이면 다음 날) 📞 093-322-1006
🏠 www.k-rhm.jp 🌐 33.943168, 130.961779

모지코 레트로 전망실 門司港レトロ展望室 ◀) 모지코오레토로텐보오시츠 　　　시모노세키까지 한눈에

일본의 유명 건축가 쿠로카와 키쇼黒川紀章가 설계한 고층 맨션 '레트로 하이마트レト
ロハイマート' 최상부인 31층에 있다. 모지코를 방문한 이들을 위해 만든 것으로, 103m
높이의 건물 통유리를 통해 펼쳐지는 풍경은 모지코 주변은 물론 칸몬 해협을 넘어
저 멀리 시모노세키까지 이어진다.

♀ 福岡県北九州市門司区東港町1-32 ¥ 일반 ¥300, 초·중학생 ¥150 🕘 10:00~22:00
✖ 부정기 📞 093-321-4151 🌐 33.948416, 130.964095 ♀ 모지코 레트로 전망대

구 다롄 항로 하역장 旧大連航路上屋 📢 큐우다이렌코오로와야

복고풍 건물 속 숨은 전시 공간

1929년에 지은 이 지역 항구의 세관 1호 건물을 문화 예술 공간으로 탈바꿈시켰다. 기하학 형태를 도입한 아르데코 양식의 건물 내부에 키타큐시와 다롄시 두 도시 간 교류에 대한 자료와 일본 영화 및 연예 관련 자료를 전시한 공간 '마츠나가문고松永文庫'가 들어서 있다.

📍 福岡県北九州市門司区西海岸1-3-5 ¥ 무료
🕐 09:00~17:00 ❌ 월요일 휴관(공휴일이면 다음 날)
📞 093-322-5020 🏠 www.matsunagabunko.net(마츠나가문고) 🎯 33.943907, 130.958056
🔍 Former Dalian Sea Route Terminal

구 모지 미츠이 클럽 旧門司三井倶楽部 📢 큐우모지미츠이쿠라부

아인슈타인도 머물렀던 공간

1921년 일본의 유명 종합상사 '미츠이 물산三井物産'에서 숙박 및 사교의 장으로 세운 건축물로 아인슈타인도 머문 적이 있다고 한다. 나무로 건물의 기둥과 뼈대를 만들고 그 사이를 벽돌, 돌, 회반죽으로 채우는 유럽의 하프팀버 건축 방식을 채용한 외관이 특징이다. 내부는 기하학 모양의 아르데코 양식으로 장식되어, 계단 기둥과 창문에서 확인 가능하다.

📍 福岡県北九州市門司区港町7-1 ¥ 일반 ¥100, 어린이 ¥50(2층 아인슈타인 메모리얼 룸&하야시 후미코 기념실만 유료) 🕐 09:00~17:00 ❌ 연중무휴 📞 093-321-4151 🎯 33.945752, 130.962598

구 모지 세관 旧門司税関 📢 큐우모지제에칸

그림 같은 빨간 벽돌 건축물

1909년 모지門司 지역에 세관이 발족되면서 1912년에 건축한 세관 청사. 빨간 벽돌이 눈에 띄는 네오 르네상스 양식의 건축물은 1990년대에 복원한 것이다. 현재는 자료 전시실과 디저트 전문점으로 사용하고 있다.

📍 福岡県北九州市門司区東港町1-24 ¥ 무료
🕐 09:00~17:00 ❌ 연중무휴 📞 093-321-4151
🎯 33.947733, 130.963574

구 오사카 상선 旧大阪商船 ◀) 큐우오오사카쇼오센

팔각형 옥탑이 포인트

지금은 합병되어 사라진 해운회사 오사카 상선의 모지 지역 지점으로 쓰였던 건축물이다. 오렌지색 타일과 흰색 벽돌이 조화를 이룬 외관과 한쪽에 우뚝 솟은 팔각형 옥탑이 눈에 띈다. 1층에는 키타큐슈가 낳은 만화가 와타세 세이조わたせせいぞう의 전시 공간과 이 지역 작가들의 상품을 판매하는 모지코 디자인하우스門司港デザインハウス가 들어서 있다.

📍 福岡県北九州市門司区港町7-18 ¥ 와타세 세이조 갤러리 일반 ¥100, 초·중학생 ¥50 🕐 09:00~17:00 ❌ 부정기 📞 093-321-4151 📍 33.946175, 130.962223

다롄 우호 기념관 大連友好記念館 ◀) 다이렌유우코키넨칸

쌍둥이 건물의 정체는?

1979년에 중국의 다롄과 우호 도시 협약을 체결한 뒤 국제 항로로서 활발한 교류를 이어가고 있는 것을 기념해 우호 도시 결연 15주년에 세운 건축물이다. 1902년 러시아제국이 다롄시에 지은 한 건축물을 그대로 복제해 건축한 것으로 중화요리점, 자료 전시관, 휴식 공간 등이 들어서 있다.

📍 福岡県北九州市門司区東港町1-12 ¥ 무료 🕐 09:00~17:00 📞 093-331-5446 📍 33.948098, 130.964176 🔍 국제우호 기념관

블루윙 모지 ブルーウィングもじ ◀) 부루윙구모지

연인의 성지

일본 최대 규모의 보행자 전용 도개교로 길이가 무려 108m나 된다. 다리가 열리는 시간은 오전 10시부터 오후 4시 사이 1시간 간격 정시로, 하루에 총 6번 열린다. 다리는 60도 각도로 높이 올라갔다가 20분 뒤에 닫힌다. 다리가 닫힌 상태에서 건너간 커플은 한평생 인연으로 맺어진다고 하여 '연인의 성지'로 불리고 있다.

📍 福岡県北九州市門司区港町4-1 🕐 10:00~16:00(도개시간) 📍 33.947724, 130.962659

베어프루츠 BEAR FRUITS

모지코에 가면 반드시 먹어봐야 하는 음식이 있다.
바로 야키카레焼きカレ-다. 뚝배기에 흰쌀밥을 담고
그 위에 카레를 부은 다음 치즈를 얹어 오븐에 익히
는 것이 기본으로, 음식점마다 주재료와 조리 방법
에 약간씩 차이를 보인다. 오로지 카레와 치즈만으
로 승부하는 곳이 있는가 하면, 안에 달걀이나 해산
물 또는 고기 등 다양한 재료를 넣어 더욱 풍부한 맛
을 내는 곳도 있다. 최고의 야키카레를 뽑는 콘테스
트에서 당당히 우승을 차지한 베어프루츠가 추천
음식점.

📍福岡県北九州市門司区西海岸1-4-7 🍴 슈퍼 야키카레
スーパー焼きカレー ¥1,045 🕐 일~목요일 11:00~21:00
(마지막 주문 20:30), 금·토·공휴일 11:00~22:00(마지막 주
문 21:30) ❌ 부정기 📞 093-321-3729
🏠 www.bearfruits.jp 📍 33.945564, 130.961071

해협 플라자 海峡プラザ 🔊 카이쿄오프라자

키타큐슈 관련 기념품을 중심으로 오르골, 유리공
예품, 꿀, 잡화 등 다양한 상품을 판매하는 기념품
코너와 음식점, 카페, 이자카야 등 먹거리를 해결할
수 있는 음식 코너로 꾸민 상업 시설이다.

📍福岡県北九州市門司区港町5-1
🕐 쇼핑 10:00~20:00, 음식 11:00~22:00
❌ 연중무휴 📞 093-332-3121
🏠 www.kaikyo-plaza.com
📍 33.945758, 130.963545

키타큐슈의 중심지
코쿠라 小倉

큐슈九州 지역과 혼슈本州 지역의 접점 역할을 하는 도시다. 후쿠오카에서 당일치기로 가는 경우 외에는 시모노세키와
모지코를 여행할 때 이곳을 거점으로 삼아 움직이는 경우가 많으며, 키타큐슈 공항에서 이동할 때도 반드시 거쳐야만 한다.
칸몬 해협을 한 바퀴 돌고도 시간이 남는다면 볼거리가 모여 있는 JR 전철 코쿠라역 주변을 둘러보는 것도 좋다.

코쿠라
상세지도

0 150m

키타큐슈 모노레일 코쿠라역  JR 코쿠라역

코쿠라성
小倉城

차차타운 코쿠라
チャチャタウン小倉

이신
お好み焼き いしん

탄가 시장
旦過市場

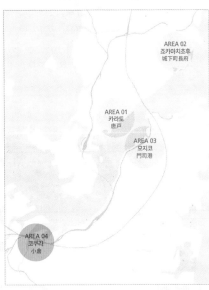

AREA 02
죠카마치초후
城下町長府

AREA 01
카라토
唐戸

AREA 03
모지코
門司港

AREA 04
코쿠라
小倉

코쿠라성 小倉城 <small>◀) 코쿠라조오</small>

키타큐슈의 심벌

해협과 인접한 지리적 특성 덕에 일찍이 육해 교통의 요지로 자리 잡은 코쿠라의 대표 관광지다. 일본 전국 시대의 무장 호소카와 타다오키細川忠興가 7년에 걸쳐 축성했으며, 중앙에 우뚝 선 천수각天守閣은 1837년에 화재로 소실되었다가 1959년에 재건한 것이다. 400년의 역사를 10분으로 압축한 영상을 상영하는 시어터, 당시의 모습을 복원한 거리, 옛 다실의 재현 등 천수각 내부를 대거 재건축해 2019년 3월에 재개관했다. 1~4층까지 다채로운 전시를 관람한 후 5층 맨 꼭대기에서 조망하는 코쿠라의 전경이 이곳의 하이라이트.

📍 福岡県北九州市小倉北区城内2-1
¥ 코쿠라성·코쿠라성 정원 각 일반 ¥350, 중·고등학생 ¥200, 초등학생 ¥100/ 코쿠라성·코쿠라성 정원 세트권 일반 ¥560, 중·고등학생 ¥320, 초등학생 ¥160
🕐 4~10월 09:00~20:00(단, 7·8월 금·토 09:00~21:00), 11~3월 09:00~19:00
❌ 연중무휴 📞 093-561-1210
🏠 www.kokura-castle.jp
🌐 33.884474, 130.874236

탄가 시장 旦過市場 <small>◀) 탄가이치바</small>

키타큐슈의 부엌

키타큐슈 주민들의 식탁을 책임지는 시장. 옛 정취가 묻어나는 소박한 시장 내에는 인근에서 잡은 각종 해산물, 정육, 청과 등을 취급하는 식료품점을 중심으로 약국, 생활용품점, 제과점 등 120개 점포가 자리하고 있다.

📍 福岡県北九州市小倉北区魚町4-2-18 🕐 09:00~18:00
❌ 점포마다 상이 📞 093-521-4140 🏠 www.tangaichiba.jp
🌐 시장 33.881329, 130.879463

야키우동이 유명한 오코노미야키 전문점
이신 お好み焼き いしん 🔊 이신

삶은 메밀면을 채소, 고기와 함께 볶아 만든 야키소바焼きそば는 알 만한 사람은 다 아는 일본의 서민 음식이다. 그러나 야키소바의 우동 버전인 야키우동焼きうどん의 발상지가 코쿠라라는 사실을 아는 이는 많지 않다. 메밀면을 구하기 어려웠던 시절 비교적 손에 넣기 쉬웠던 우동 건면을 이용해 대체 음식을 만들어 먹은 데서 유래했다. 코쿠라역에서 탄가 시장

까지 쭉 늘어선 상점가에 위치한 이신은 일본식 부침개 오코노미야키 전문점이지만 야키우동으로 더 유명하다. 각종 재료와 매콤한 소스를 넣고 볶은 우동은 주문을 받은 뒤 조리에 들어가 다른 메뉴보다 다소 시간이 걸린다.

📍福岡県北九州市小倉北区魚町3-1-11 クロスロード魚町 1F 💴 코쿠라야키우동小倉焼うどん ¥690
🕐11:00~21:00 ❌화요일(공휴일인 경우 다음 날)
📞093-541-0457 🏠 www.okonomiyaki-ishin.com
📷 33.882465, 130.879624 🔍오코노미야키이신

차차타운 코쿠라 チャチャタウン小倉 🔊차차타운코쿠라
쇼핑은 이곳에서

공항으로 가기 전 짧은 시간에 야무지게 쇼핑할 수 있는 곳을 찾는다면 코쿠라역에서 도보 10분 거리인 차차타운이 정답이다. SPA 브랜드 유니클로UNIQLO(1층), 신발 전문점 ABC 마트ABCマート(2층), 100엔 숍 다이소ダイソー(2층) 등 한국인이 선호하는 가게는 물론 푸드코트, 게임센터, 관람차 등이 있어 먹거리와 즐길 거리도 동시에 충족시켜준다. 차차타운에서 쇼핑한 영수증과 여권을 관람차 매표소에 제시하면 관람차를 무료로 탈 수 있으며, 3층 게임센터 '라쿠이치라쿠자楽市楽座' 내 안내소에서 여권을 제시하면 일부 뽑기 기계를 사용할 수 있는 1회권을 증정한다.

📍福岡県北九州市小倉北区砂津3-1-1 💴 관람차 초등학생 이상 ¥300, 미취학 아동 무료 🕐쇼핑 10:00~20:00, 관람차 11:00~21:00(마지막 승차 20:45), 푸드코트 10:00~21:30
❌부정기 📞093-513-6363 🏠 www.chachatown.com
📷 33.883385, 130.888905

이국적인 항구 도시 산책
나가사키
長崎

다른 나라와의 교류를 거부하며 쇄국정책을 펼친 17~19세기 일본. 그러나 유일하게 나가사키만은 해외 무역을 활발히 진행했다. 당시 항구를 통해 나가사키로 들어온 이방인들은 일본 정부의 정책 탓에 한 구역에 무리 지어 거주할 수밖에 없었지만 어느 정도 다양성을 존중받으며 생활을 이어나갔다. 가랑비에 옷 젖듯 그들의 문화는 서서히 흡수되었고, 도시는 점점 다채로운 색으로 물들기 시작했다.

나가사키 •

베스트 시즌

사계절 언제나

관광안내소

· **주소** 長崎県長崎市尾上町1-60
　　　(JR나가사키역 내)

· **시간** 08:00~19:00　· **휴무** 연중무휴

찾아가기

Access

○ **인천 국제공항**

⋮ 직항　ⓘ 1시간 10분

○ **나가사키長崎 공항**

⋮ 공항버스　ⓘ 약 55분

○ **JR 전철 나가사키長崎역**

Train

JR 전철 나가사키長崎역

나가사키
상세지도

● 이나사야마 전망대
稲佐山展望台

나가사키에선 어떻게 이동할까

나가사키덴키키도長崎電気軌道 회사에서 운행하는 노면 전차가
나가사키의 주 교통수단이다. 시내의 주요 관광 명소와도 정
류장이 가까워 쉽게 둘러볼 수 있다. 단, 이나사야마 전망대는
나가사키역 앞 정류장에서 버스를 타고 이동 후 케이블카를
타야 산 정상까지 오를 수 있다.

¥ 1회 중학생 이상 ¥140, 초등학생 이하 ¥70

유용한 승차권 나가사키 노면 전차 일일 승차권 路面電車一日乗車券

시내 노면 전차를 하루 동안 무제한으로 이용할 수 있는 승차권.

¥ 중학생 이상 ¥600, 초등학생 이하 ¥300(매월 셋째 주 일요일 초등
학생 이하 무료)

[판매] 관광안내소, JR 나가사키역 미도리노마도구치みどりの窓口

● 테마 01. 다문화 여행

● 테마 02. 나가사키 명물 음식

나가사키 공항

0   175m

JR 나가사키역
관광안내소

안경다리
眼鏡橋

분메이도
文明堂

욧소
吉宗

나가사키 데지마워프
長崎出島ワーフ

데지마
出島

츠루짱
ツル茶ん

소후쿠지
崇福寺

나가사키현 미술관
長崎県美術館

나가사키 수변공원
長崎水辺の森公園

차이나타운
チャイナタウン

후쿠사야
福砂屋

코잔로
江山楼

오란다자카
オランダ坂

시카이로
四海樓

나가사키도
長崎堂

나가사키 공자묘
長崎孔子廟

큐지유테
旧自由亭

오우라 천주당
大浦天主堂

글로버 정원
グラバー園

THEME 01

노면 전차 타고 떠나는
나가사키 속 세계 여행

포르투갈, 네덜란드, 영국, 중국 등과 교역하면서 문호를 개방한 나가사키는 국제도시의 면모를
확인할 수 있는 명소가 도처에 있다. 일본이지만 일본이 아닌 서양 어딘가에
있는 듯한 묘한 매력을 지닌 나가사키에서 숨어 있는 다른 나라의 흔적을 찾아보자.

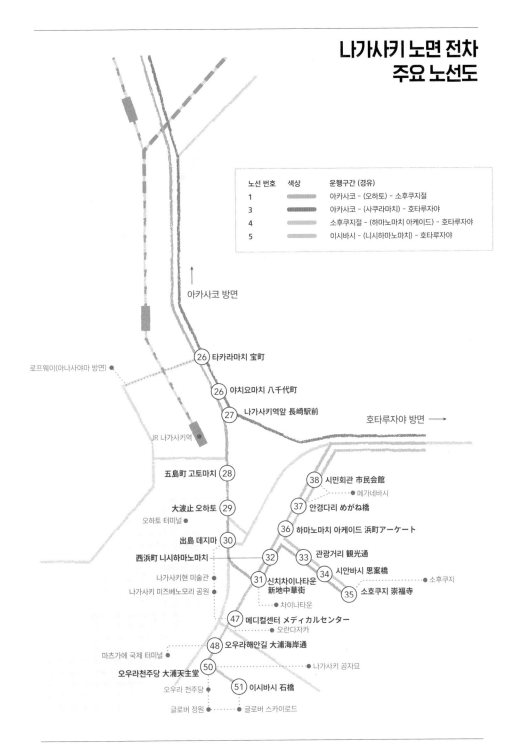

나가사키 노면 전차
주요 노선도

노선 번호	색상	운행구간 (경유)
1		아카사코 - (오하토) - 소후쿠지절
3		아카사코 - (사쿠라마치) - 호타루자야
4		소후쿠지절 - (하마노마치 아케이드) - 호타루자야
5		이시바시 - (니시하마노마치) - 호타루자야

↑
아카사코 방면

로프웨이(아나사야마 방면) ●

26 타카라마치 宝町

26 야치요마치 八千代町

27 나가사키역앞 長崎駅前

호타루자야 방면 ⟶

JR 나가사키역

五島町 고토마치 28

38 시민회관 市民会館
●메가네바시

大波止 오하토 29
오하토 터미널 ●

37 안경다리 めがね橋

36 하마노마치 아케이드 浜町アーケート

出島 데지마 30

西浜町 니시하마노마치

32   33 관광거리 観光通

31 신치차이나타운
新地中華街

34 시안바시 思案橋
● 소후쿠지

나가사키현 미술관
나가사키 미즈베노모리 공원

35 소호쿠지 崇福寺

● 차이나타운

47 메디컬센터 メディカルセンター
● 오란다자카

48 오우라해안길 大浦海岸通

마츠가에 국제 터미널 ●

50

● 나가사키 공자묘

오우라천주당 大浦天主堂

51 이시바시 石橋

오우라 천주당

글로버 정원 ● ····· ● 글로버 스카이로드

수많은 역사를 품은 정원
글로버 정원 グラバー園 🔊구라바엔

당시 외국인이 모여 사는 거류지였던 글로버 정원
은 서양의 풍경이 가장 많이 남아 있는 곳이다. 비
탈진 언덕길을 힘겹게 올라 도달한 길 끝에 서양식
목조 건물과 아름다운 꽃이 어우러진 정원이 있
다. 목조 건물은 영국의 산업 기술을 그대로 일본
에 전수해 근대화에 큰 공헌을 한 스코틀랜드 출
신 상인 토머스 글로버가 건축한 주택이다. 계절마
다 표정이 바뀌는 꽃밭 외에도 시내에 건축했던 서
양식 건축물 6채를 이곳으로 옮겨와 볼거리가 풍
성해졌다. 역사의 무대이자 일본 산업혁명의 증거
물로 인정받아 2015년 유네스코 세계 문화유산으
로 등재되었다.

📍 長崎県長崎市南山手町8-1 ¥ 일반 ¥620, 고등학생
¥310, 초·중학생 ¥180 🕗 08:00~20:00(시기마다 다름,
홈페이지 참조) ❌ 연중무휴
📞 095-822-8223 🏠 www.glover-garden.jp
📍 32.7341386, 129.8690022

STATUE OF THOMAS BLAKE GLOVER

함께 들르면 좋은 곳

글로버 정원에서 우아한 커피 타임
큐지유테 旧自由亭 ◀) 큐우지유우테에

일본에서 처음으로 서양 요리를 판 음식점 '지유테' 건물을 개조한 카페. 멋스러운 복고풍 분위기에서 커피 한 잔의 여유를 만끽하는 사치를 누릴 수 있다. 대형 선박이 정박한 나가사키항의 풍경을 보며 휴식을 취하고 싶다면 창가 자리를 사수하자. 오전에 방문하면 비교적 한산하다. 24시간 동안 정성 들여 추출한 더치 커피는 네덜란드인이 고안한 맛. 나가사키의 자랑 카스텔라와 함께 찬찬히 음미하면 좋다.

¥ 블렌드 커피ブレンドコーヒー ¥600, 나가사키 카스텔라&드링크長崎カステラ&ドリンク ¥1,000
🕘 09:30~17:15(마지막 주문 16:45) ❌ 연중무휴
📍 32.7338312, 129.8694086

일본에서 가장 오래된 성당

오우라 천주당 大浦天主堂 🔊 오오우라텐슈도오

서구와의 문호 개방을 계기로 외국에서 건너온 이들을
위해 지은 가톨릭 성당. 1864년 중세 유럽의 대표적인
건축 양식인 고딕풍 건물이다. 일본에 현존하는 가장 오
래된 가톨릭 건축물로 일본 국가 지정 국보이기도 하다.
에도 시대 말기 막부 정권의 탄압으로 인해 일본 내 가
톨릭이 박해를 받은 슬픈 역사를 지니고 있다. 가톨릭
신자라면 이곳의 역사가 담긴 내부 박물관도 함께 방문
해보자. 엄숙하고 신성한 분위기인 내부도 볼 만하다.

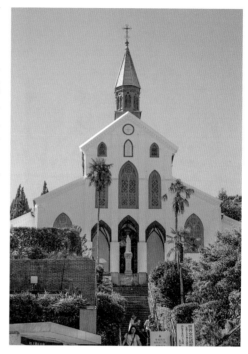

📍 長崎県長崎市南山手町5-3 ¥ 일반 ¥1,000, 중·고등학생
¥400, 초등학생 ¥300 🕐 3~10월 08:00~18:00(마지막 입
장 17:30), 11~2월 08:30~17:30(마지막 입장 17:00) ❌ 연중
무휴 📞 095-823-2628 🏠 www.nagasaki-oura-church.
jp 🌐 32.7341400, 129.8701080

나가사키 공자묘 長崎孔子廟 🔊 나가사키코오시뵤오   중국을 만끽하고 싶다면

중국 청나라와 일본에 거주하던 화교가 협력해 1893년에 세운 건물로, 중국의 사
상가 공자의 유품을 모시고자 지었다. 중국 산둥성의 한 사찰을 참고해 장엄하고
수려한 전통미를 최대한 살렸다. 현재 일본에서 유일한 중국 양식의 영묘가 있으
며, 일부 내부는 중국의 국보급 예술품이 전시된 중국 역대 박물관으로 쓰인다.

📍 長崎県長崎市大浦町10-36 ¥ 일반
¥660, 고등학생 ¥440, 초·중학생 ¥330
🕐 월~목요일 09:30~18:00(마지막 입
장 17:30), 금~일요일 09:30~20:00(마
지막 입장 19:30) ❌ 연중무휴
📞 09 5-824-4022 🏠 www.nagasa
ki-koushibyou.com 🌐 32.7356251,
129.8724566

오란다자카 オランダ坂 🔊 오란다자카

운치 있는 언덕길

네덜란드와의 교역으로 인해 그 옛날 나가사키 사람들은 서양인을 지칭할 때 네덜란드인을 뜻하는 일본어인 '오란다상オランダさん'을 사용했으며, 이들이 지나가는 언덕길을 가리켜 '오란다자카'라 불렀다. 현재는 서양식 주택 7채가 남은 것 말고는 이국적 색채를 찾아보기 어려우나 돌길로 이어진 언덕배기가 나름의 정취를 풍겨 나가사키 관광지를 말할 때 반드시 언급되곤 한다. 그러나 오란다자카 마니아라면 숨기고 싶은 사실이 있다. 바로 현지인 사이에서 통하는 '일본의 3대 실망 명소'라는 것. 오란다자카는 홋카이도 삿포로札幌의 시계탑時計台, 코치高知현의 하리마야 다리はりまや橋와 함께 인지도는 높지만 막상 가보면 실망하는 관광 명소로 꼽힌다. 그러니 너무 기대하지는 말자. 그저 정처 없이 걷고 싶을 때 방문하면 좋다.

📍 長崎県長崎市東山手町2 📡 32.7383461, 129.8728532

나가사키 수변공원 長崎水辺の森公園 🔊 나가사키미즈베노모리코오엔

나가사키 사람들의 휴식처

나가사키항에 면한 드넓은 녹지에 조성된 공원. 비교적 최근에 만들어 공원 내 운하 주변에 산책로, 분수, 광장 등 각종 시설이 잘 정비되어 있으며, 모든 이에게 휴식 공간이 될 수 있도록 군데군데 벤치도 설치되어 있다. 공원 자체도 아름답지만 나가사키항의 위용을 감상하기엔 여기만큼 좋은 곳도 없지 싶다.

📍 長崎県長崎市常盤町22-17　🏠 www.mizubenomori.jp　🕒 32.7405568, 129.8696386

─── 함께 들르면 좋은 곳 ───

통유리창 너머 현대 미술
나가사키현 미술관 長崎県美術館 🔊 나가사키켄비쥬츠칸

운하를 사이에 두고 세운 건물이 세계에서도 유래 없는 독특한 방식이라 세간의 주목을 받은 현대 미술관. 일본의 유명 건축가인 쿠마 켄고隈研吾가 설계를 맡았다. 6,500여 점의 소장품을 정기적으로 교체하며 전시하고 있는데, 특히 1,200점의 스페인 회화는 스페인에서도 높이 평가되고 있다. 나가사키항을 조망할 수 있는 옥상 정원에도 들러보자.

💴 일반 ￥420, 대학생 ￥310, 초·중·고등학생 ￥210, 만 70세 이상 ￥310　📍 長崎県長崎市出島町2-1　🕙 10:00~20:00　❌ 둘째·넷째 주 월요일(공휴일이면 다음 날), 12월 29일~1월 1일　📞 095-833-2115　🏠 www.nagasaki-museum.jp　🕒 32.7418792, 129.8703795

데지마 出島 ◀) 데지마

옛 일본으로 타임슬립

데지마는 네덜란드와의 무역을 시작으로 일본 근대화 발신지로서 중요한 역할을 했던 곳이다. 1636년 당시 유럽을 오가며 거주하던 포르투갈인을 수용하고, 무역 장악을 저지하면서 기독교의 확산을 방지하고자 만든 구역으로, 포르투갈 선박의 입항을 금지시킨 후엔 무역을 이어나가던 네덜란드인의 상점들을 이쪽으로 옮겨 교류를 이어나가게 했다. 이후 홋카이도의 하코다테函館와 카나가와현의 요코하마横浜에도 해외 교역이 허용되고, 무역의 중심지가 데지마에서 글로버 정원으로 옮겨가면서 점점 쇠락의 길을 걸었다. 지금의 데지마는 과거로 돌아간 듯한 착각이 일 만큼 19세기 초의 모습을 복원한 것이다.

📍 長崎県長崎市出島町6-1 　¥ 일반 ¥520, 고등학생 ¥200, 초등·중학생 ¥100
🕐 08:00~21:00(마지막 입장 20:40) 　❌ 연중무휴 　📞 095-829-1194
🏠 www.nagasakidejima.jp 　📍 32.7436093, 129.8728338

함께 들르면 좋은 곳

나가사키 데지마워프 長崎出島ワーフ ◀) 나가사키데지마와아후

부두 위 식당가

데지마 주변 부둣가에 세워진 식당가. 멋스러운 목재 건물이 눈에 들어온다면 바로 이곳이다. 음식점과 카페 10여 개 업체가 들어서 있어 끼니를 때우거나 휴식을 취하기에 안성맞춤이다.

📍 長崎県長崎市出島1-1-109 　🕐 가게마다 다름 　❌ 연중무휴 　📞 095-828-3939 　🏠 www.dejimawharf.com
📍 32.7439090, 129.8706930

차이나타운 チャイナタウン ◀) 차이나타운

중국의 정취가 물씬 풍기는

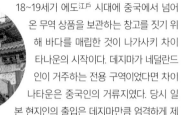

18~19세기 에도江戸 시대에 중국에서 넘어온 무역 상품을 보관하는 창고를 짓기 위해 바다를 매립한 것이 나가사키 차이나타운의 시작이다. 데지마가 네덜란드인이 거주하는 전용 구역이었다면 차이나타운은 중국인의 거류지였다. 당시 일본 현지인의 출입은 데지마만큼 엄격하게 제한했으나 중국인은 출입이 비교적 자유로웠다고 한다. 이 구역 거주자는 약 1만 명이었는데 당시 나가사키의 인구가 6만 명인 점을 감안하면 꽤나 많은 중국인이 살았다고 볼 수 있다. 왜 차이나타운이 이만큼 발달했고 특히 나가사키 짬뽕으로 대표되는 중화요리가 이름을 날리게 되었는지 알 수 있는 대목이다. 동서남북 250m인 십자로로 중화요리점과 중국 잡화점 40여 개가 줄지어 있다.

📍 長崎県長崎市新地町10-13 🕐 가게마다 다름 ❌ 가게마다 다름
📞 095-822-6540 🏠 www.nagasaki-chinatown.com
📷 32.7412721, 129.8759369 🔍 나가사키 차이나타운

안경다리 眼鏡橋 ◀) 메가네바시

안경을 연상시키는 다리

일본에 처음 생긴 보행자 전용 아치형 석조 다리. 이중으로 된 아치가 수면에 비치면서 동그란 안경처럼 보인다 하여 붙은 이름이다. 안경처럼 보이는 풍경은 건너편 우오이치魚市 다리나 반대편 후쿠로袋 다리에서 바라보면 제대로 볼 수 있으며, 다리 아래 징검다리를 건너는 사람들이 등장하면 그 자체만으로도 근사한 그림이 된다. 다리 밑 돌담에 숨은 하트 돌멩이도 찾아보자.

📍 長崎県長崎市魚の町2 📷 32.7471241, 129.8801766 🔍 메가네바시 안경다리

일본이 자랑하는 야경
이나사야마 전망대 稲佐山展望台 🔊 이나사야마텐보오다이

해발 333m 전망대에서 내려다보는 나가사키의 파노라마. 화창한 날은 더욱 선명하게 나가사키를 조망할 수 있으나 이곳의 추천 시간대는 저녁이다. 일본의 3대 야경으로 지정되었다고 하니 확인하고 싶다면 방문해보자. 정상까지는 케이블카를 이용해 올라간다. 케이블카 내부에서도 360도로 풍경을 감상할 수 있다.

📍 長崎県長崎市稲佐町364 💴 케이블카 왕복 일반 ¥1,250, 중·고등학생 ¥940, 초등학생 이하 ¥620/ 편도 일반 ¥730, 중·고등학생 ¥520, 초등학생 이하 ¥410 🕐 08:00~22:00(케이블카 09:00~22:00) ❌ 연중무휴 📞 095-861-7742 🏠 www.inasayama.com/ropeway 📍 32.7525325, 129.8494855

TIP 더 편하게 이동하려면

19시부터 22시까지 나가사키 시내에서 케이블카 정류장까지 무료 순환 버스를 운행한다. 이나사야마 전망대 홈페이지에서 정류장을 확인해 이용하자.

소후쿠지 崇福寺 🔊 소오후쿠지

바다의 신을 모시는 절

일본 국가와 나가사키현에서 지정한 국보, 중요 문화재, 유형 문화재란 타이틀을 가진 귀중한 사적. 중국 푸저우福州 출신 건축가가 명나라 말기의 건축 양식으로 건립해 명나라 문화의 축도라 표현하기도 한다. 예부터 바다의 수호신을 모시며 항해 안전을 기원하는 곳으로 이용했다.

📍 長崎県長崎市鍛冶屋町7-5 💴 일반 ¥300, 고등학생 이하 무료 🕐 08:00~17:00 ❌ 연중무휴 📞 095-823-2645 📍 32.7423913, 129.8835287

나가사키 짬뽕만 기억하는 당신에게
나가사키 명물을 맛보는 여행

나가사키에 가면 지금도 도시 여기저기에서 중국과 유럽의 흔적을 볼 수 있다.
나가사키 사람들이 사랑하는 먹거리 하나하나도 이러한 다문화의 영향 아래 탄생했다.
나가사키 짬뽕의 발상지로만 이 도시를 기억하고 있다면 이제 새로운 명물을 기억할 차례다.

시카이로 四海樓 ◀) 시카이로오

✕ 나가사키 짬뽕 長崎チャンポン

한국에서 한 차례 열풍이 휩쓸고 간 나가사키 짬뽕의 역사가 이곳에서 시작되었다. 중국 푸젠福建 지방의 향토 음식인 탕러우시몐湯肉絲麵을 참고해 쫄깃한 탄력이 느껴지는 면, 풍부한 건더기, 약간 걸쭉한 국물을 내세워 나가사키 짬뽕을 완성했다. 1899년부터 한결같은 맛을 선보이며 나가사키 중화요리의 대표 격으로 떠오른 유서 깊은 음식점이니 반드시 맛보자.

◉ 長崎県長崎市松が枝町4-5 ✕ 나가사키 짬뽕 ¥1,210
🕐 11:30~15:00, 17:00~20:00(마지막 주문 19:30)
❌ 부정기, 12/30~1/1 📞 095-822-1796
🏠 www.shikairou.com 🌐 32.7365090, 129.8697570

코잔로 江山楼 ◀) 코오잔로

✕ 사라우동 皿うどん

'아빠의 맛, 엄마의 진심'을 모토로 최고의 맛보다는 친근하고 마음을 담은 맛을 추구하는 중화요리점. 진심은 통한다고, 이곳을 방문한 이들은 만족스러운 한 끼라며 입을 모아 말한다. 창업자 왕 씨가 고집한 맛의 기본은 무엇보다 육수가 생명이며, 재료의 맛을 최대한 살리는 것이었다. 이곳에선 국물 없이 튀겨낸 면과 해물을 듬뿍 사용한 사라우동을 먹어보자.

◉ 長崎県長崎市新地町13-16 ✕ 사라우동皿うどん ¥1,320
🕐 11:00~15:00, 17:00~20:30(마지막 주문 20:00) ❌ 부정기,
연말연시 📞 095-824-5000 🏠 www.kouzanrou.com
🌐 32.7411548, 129.8756371

욧소 吉宗 ◀))욧소   ✕ 차왕무시 茶碗むし

창업 155주년에 빛나는 일본식 달걀찜 차왕무시 전문점. 나가사키의 산해진미를 활용한 일본 가정식을 선보이고자 시작한 곳으로 창업 당시 개발한 맛을 그대로 계승하고 있다. 붕장어, 새우, 닭고기, 표고버섯, 목이버섯, 은행, 죽순, 어묵 등 각종 재료를 풍부하게 사용한다. 1927년에 지은 역사적 건축물 안에서 오래도록 사랑받는 맛을 음미해보자.

📍 長崎県長崎市浜町8-9   ¥ 차왕무시 정식茶碗むし定食 ¥1,485   🕐 11:00~15:00(마지막 주문 14:30), 17:00~21:00(마지막 주문 20:00)   ✕ 월·화요일, 1/1, 8/15, 12/31
📞 095-821-0001   🏠 www.yossou.co.jp   🌐 32.7444863, 129.8787182

츠루짱 ツル茶ん ◀))츠루짱   ✕ 토르코라이스 トルコライス & 밀크세이키 ミルクセーキ

1925년에 문을 연, 큐슈 지역에서 가장 오래된 일본식 다방 킷사텐喫茶店. 버터밥 위에 톤카츠의 원조 격인 포크커틀릿과 케첩으로 맛을 낸 스파게티 나폴리탄을 함께 얹어주는 토르코라이스와 이곳 주인장이 고안한 나가사키식 밀크셰이크인 밀크세이키가 간판 메뉴다. 밀크세이키는 언덕이 많은 나가사키에서 무더운 여름에 어울리는 메뉴를 생각하다 떠올린 것이라 한다.

📍 長崎県長崎市油屋町2-47   ¥ 토르코라이스 ¥1,580, 밀크세이키 ¥780
🕐 10:00~21:00   ✕ 연중무휴   📞 095-824-2679   🌐 32.7431242, 129.8806715

나가사키의 카스텔라 전문점 3곳

400년 전 포르투갈에서 건너와 현재는 나가사키가 자랑하는 명과가 된 카스텔라. 본래 스페인에서 탄생한 것으로, 당시 스페인을 지배하던 카스티야 왕국을 카스텔라로 발음하면서 일본에 전해져 이러한 이름이 붙었다고 한다. 기본 원료는 달걀, 밀가루, 설탕이지만 제조법과 첨가 재료에 따라 미세하게 달라지는 맛 덕분에 시내에는 다양한 맛을 선보이는 유명 제과점이 즐비하다. 카스텔라의 발상지인 분메이도를 비롯해 나가사키도, 후쿠사야 등이 있다.

분메이도 文明堂 ♥ 본점 長崎県長崎市江戸町1-1 🕐 09:00~19:00
❌ 1월 1일 📞 0958-24-0002 🏠 www.castella.website
🌐 32.745629, 129.872438

후쿠사야 福砂屋 ♥ 長崎県長崎市船大工町3-1 🕐 09:00~17:00
❌ 수요일 📞 095-821-2938 🏠 www.fukusaya.co.jp
🌐 32.741655, 129.879367

나가사키도 長崎堂 ♥ 長崎県長崎市松が枝町5-6
🕐 10:00~17:00 ❌ 부정기 📞 095-822-2438
🏠 www.kasutera.co.jp 🌐 32.736057, 129.869188
🔍 Nagasakidou Kasutera

분메이도

나가사키도

후쿠사야

역사&캐릭터 덕후, 모두의 천국
쿠마모토
熊本

일본의 3대 성으로 지정된 쿠마모토성熊本城이 있다는 것만으로는 어필 포인트가 2% 부족했나 보다. 이전에는 소소하게 누려왔던 인기가 독특한 표정의 곰 캐릭터 '쿠마몬くまモン'의 홍보 유세와 함께 단숨에 급상승했다. 매년 1조 원의 관광 효과를 내면서 말이다. 그의 노력 덕분에 쿠마모토는 지진이라는 자연재해에 굴하지 않고 꾸준히 관광 열풍을 이어나가고 있다.

쿠마모토

베스트 시즌

사계절 언제나

관광안내소

· **주소** 熊本県熊本市西区春日3-15-1
　　　 (JR쿠마모토역 내)
· **시간** 09:00~17:30
· **휴무** 연중무휴

찾아가기

Access

○ **인천 국제공항**

　⌁ 직항　① 1시간 20분

○ **쿠마모토**熊本 **공항**

　⌁ 공항버스　① 약 1시간

○ **JR 전철 쿠마모토**熊本**역 앞
　버스 정류장에서 1시간**

Train

JR 전철 쿠마모토熊本역

쿠마모토
상세지도

쿠마모토 현립 미술관
熊本県立美術館

카토 신사
加藤神社

쿠마모토토성
熊本城

코란테이
紅蘭亭

사쿠라노바바 조사이엔
桜の馬場 城彩苑

쿠마모토성·시청앞

토리초스지

스이도초

하나바타초역

나가사키지로
長崎次郎喫茶室

사쿠라마치 버스 터미널

커피 애로우
珈琲アロー

신마치

카츠레츠테이
勝烈亭

관광안내소

쿠마모토에키마에 버스 정류장

JR 쿠마모토역

텐가이텐(쿠마모토점)
天外天

오카다 커피점(본점)
岡田珈琲店

쿠마몬 스퀘어
くまモンスクエア

0　　　200m

쿠마모토에선 어떻게 이동할까

쿠마모토의 주요 교통수단은 쿠마모토시덴熊本市電이라 불리는 노면 전차
다. 〈리얼 일본 소도시〉에 소개한 관광 명소 모두 노면 전차 정류장 부근
에 위치하므로 하루 동안 무제한 승하차할 수 있는 1일 승차권을 구입해
돌아다니는 게 이득이다. 전차는 뒤에서 타고 앞으로 내리는 방식이다.

¥ 1회 일반 ¥170, 어린이 ¥90/ 1일 승차권 일반 ¥500, 어린이 ¥250

스이젠지 공원
水前寺公園

이즈미 신사
出水神社

코킨덴주노마
古今伝授の間

스이젠지코엔

● 테마 01. 노면 전차 여행

● 테마 02. 기분 좋은 한 끼

● 테마 03. 멋스럽게 커피 한잔

● 테마 04. 쿠마몬 찾기

**THEME
01**

주요 관광지를 한 번에
노면 전차 아날로그 여행

쿠마모토는 웅장한 자연환경에 비하면 관광 명소가 한데 모여 있는 자그마한 마을이지만 가벼운 마음으로
당장 떠나기에 이만한 곳이 없다. 1924년에 개통한 쿠마모토의 노면 전차를 타면 여행이 더욱 쉬워진다.

TIP 더 저렴하게! 추천 1일 패스
와쿠와쿠 1일 패스 わくわく1dayパス

쿠마모토 시내 주요 교통수단인 노선버스, 관광지를
주로 도는 시로메구링 しろめぐりん 버스, 노면 전차 시
덴 市電를 하루 동안 자유롭게 이용할 수 있다. 시내 구
역에 따라 1구간, 2구간, 구마모토현 내 구간으로 나
뉘는데, 관광지가 모여 있는 1구간 이용권을 구매하
면 된다. 패스는 운전기사에게 바로 구매 가능하다.

¥ 일반 ¥700 🏠 www.kyusanko.co.jp/sankobus/
ticket/wakuwakupass

쿠마모토의 상징, 노면 전차

쿠마모토 시내 동서를 가로지르며 달리는
노면 전차는 쿠마모토 시민에게는 든든한
다리 역할을 하는 듬직한 교통수단이다.
관광 명소 부근에 기가 막힌 위치 선정으
로 정류장이 자리하고 있어 여행자에게도
유용하다. 최근 들어 현대화된 세련된 디
자인이 등장하기도 했지만, 대다수 전차는
1924년 탄생 당시의 모습과 다를 바 없는
복고풍 느낌이 물씬 풍긴다.

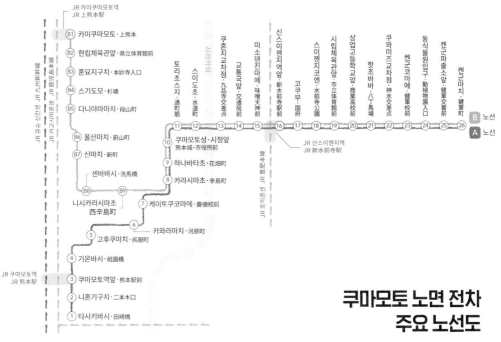

쿠마모토 노면 전차
주요 노선도

쿠마모토성 熊本城 🔊 쿠마모토조오

쿠마모토의 상징

지진 전

지진 후

1607년 축성된 것으로 나고야성, 오사카성과 함께 일본의 3대 명성으로 불린다. 240년에 걸쳐 쿠마모토의 영주 호소카와細川 가문의 거성으로 사용되었으며, 성의 중심인 높이 30m의 천수각天守閣과 행정기관 및 생활공간이었던 혼마루고텐本丸御殿은 전쟁으로 소실되었으나 후에 재건하거나 복원했다. 축성 당시 워낙 견고하게 지어 큰 피해 없이 전투를 치르며 진가가 제대로 발휘된 것으로 평가받는다.

2016년 발생한 쿠마모토 지진으로 인해 중심부를 제외한 주변 명소만 공개했으나 2019년 10월부터 공사가 마무리된 일부분을 개방했다. 공사를 진행하지 않는 일요일과 공휴일에만 공개하며, 차츰 시간차를 두고 개방 공간을 확대할 계획이다. 현재는 성의 중심인 천수각이 보이는 광장 인근만 공개한 상태다.

📍 熊本県熊本市中央区本丸1-1 💴 고등학생 이상 ¥800, 초·중학생 ¥300, 미취학 아동 무료 🕐 09:00~17:00(마지막 입장 16:30) ❌ 12/29~31 📞 096-352-5900 🏠 castle.kumamoto-guide.jp 🌐 32.806204, 130.705828

사쿠라노바바 조사이엔 桜の馬場 城彩苑 ◄》 사쿠라노바바조오사이엔 쿠마모토의 전통문화가 궁금하다면

쿠마모토성 서남쪽에 있는 조사이엔은 쿠마모토의 문화와 역사, 전통을 알리기 위해 만든 시설이다. 쿠마모토의 음식과 특산품을 판매하는 점포 23개와 쿠마모토성의 역사를 소개하는 박물관으로 구성되어 있다. 고구마와 팥앙금을 감싼 명물 떡 '이키나리당고いきなり団子'를 비롯해 쿠마모토를 대표하는 각종 음식과 기념품을 판매한다. 옛날에 쿠마모토성을 중심으로 활약했던 인물들을 바탕으로 한 퍼포먼스도 펼쳐진다.

📍熊本県熊本市中央区二の丸1-1-1 ￥쿠마모토성 박물관 고등학생 이상 ￥300, 초·중학생 ￥100, 미취학 아동 무료 🕐09:00~17:30 ✖12월 29~31일 📞096-288-5600 🏠 www.sakuranobaba-johsaien.jp 📍32.803466, 130.703608

쿠마모토성이 멋스럽게 보이는 곳
카토 신사 加藤神社 ◄》카토진자

카토 키요마사 동상

성내 북쪽에 자리한 신사로 쿠마모토성을 지은 일본 전국 시대의 무장 카토 키요마사加藤清正를 모신다. 수많은 전쟁을 경험하고도 평생 진 적이 없다는 그에게 은혜를 받고자 찾는다고 한다. 사실 신사 자체의 의미보다는 쿠마모토성을 구경하기에 가장 좋은 위치라는 점 때문에 방문하는 여행자가 많다.

📍熊本県熊本市中央区本丸2-1 ￥무료 🕐24시간 📞096-352-7316 🏠 www.kato-jinja.or.jp 📍32.807199, 130.705328

쿠마모토 현립 미술관 熊本県立美術館 ◄》쿠마모토켄리츠비주츠칸 공원 속 미술관

쿠마모토성 내 니노마루 공원二の丸公園에 자리한 미술관으로 고대 회화, 판화, 조각, 공예품 등을 소장하고 전시한다. 본관 전시실에는 미술관이 소장한 작품, 별관에는 쿠마모토에서 활약했던 호소카와細川 가문의 관련품을 전시한다.

📍熊本県熊本市中央区二の丸2-2 ￥본관&별관 공통권 일반 ￥430, 대학생 260, 고등학생 이하 무료 / 특별전은 전시에 따라 다름 🕐09:30~ 17:15(마지막 입장 16:45) ✖월요일 (공휴일인 경우 다음 날)·연말연시 📞096-352-2111 🏠 www.pref.kumamoto.jp/site/museum/ 📍32.807581, 130.700521

쿠마몬 스퀘어 くまモンスクエア 🔊 쿠마몬스쿠에아

쿠마몬 천국에서 행복한 '덕생'

쿠마모토를 전국적인 인기 관광지로 끌어올린 일등공신 '쿠마몬くまモン'을 아시는지? 발그레한 볼이 매력 포인트인 까만 곰은 쿠마모토 현청이 홍보를 위해 만든 공식 캐릭터로, 특유의 얼빠진 표정이 일반적인 캐릭터의 귀여운 표정과 차별화되면서 전국구 인지도를 가진 유명 인사가 되었다. 지금은 연간 1조 원의 홍보 효과를 낼 만큼 공식 캐릭터의 표본으로 자리매김했다.

쿠마모토의 관광 정보를 제공하는 '쿠마몬 스퀘어'에서는 하루 1~2회 쿠마몬이 무대 위에서 펼치는 퍼포먼스를 관람할 수 있다. 너무 많은 인원이 모일 경우 입장을 제한하기도 하므로 시간 여유를 두고 방문하자. 스케줄은 홈페이지에 자세히 기재되어 있으며, 건물에 카페와 기념품 코너도 마련되어 있다.

📍 熊本県熊本市中央区手取本町8-2 ¥ 무료 🕙 10:00~17:00 ❌ 화요일 📞 096-327-9066 🏠 www.kumamon-sq.jp 🌐 32.801836, 130.712457

스이젠지 공원 水前寺公園 🔊 스이젠지코오엔

고요한 정취에 차분해지는 시간

1636년 쿠마모토의 초대 영주 호소카와 타다토시細川忠利부터 시작해 약 80년간 3대에 걸쳐 조성한 모모야마桃山식 회유 정원 '스이젠지 조주엔水前寺成趣園'이 가장 큰 볼거리. 모모야마식이란 커다란 연못을 중앙에 배치하고 그 주변에 난 길을 한 바퀴 돌아보는 형식의 정원을 뜻한다. 일본 고유의 전통 시가인 와카를 전수한 건물 '코킨덴주노마古今伝授の間', 생활의 수호신으로 보은을 바쳤던 '이즈미 신사出水神社'도 함께 둘러보면 좋다. 이즈미 신사 본전 맞은편의 작은 샘에는 장수의 물이라 일컫는 신비의 물이 있다. 정원은 약 20분이면 돌아볼 수 있는 규모로, 정면 입구 바로 앞에 있는 코킨덴주노마에서 시작해 시계 반대 방향으로 돌아보면 좋다.

📍 熊本県熊本市中央区水前寺公園8-1　¥ 만 16세 이상 ¥400, 6~15세 ¥200, 5세 이하 무료
🕐 08:30~17:00(마지막 입장 16:30)　❌ 연중무휴　📞 096-383-0074　🏠 www.suizenji.or.jp
📷 32.791044, 130.735123

코킨덴주노마

이즈마 신사 앞 장수의 물

이즈미 신사

맛있게 부담 없이
기분 좋은 한 끼

쿠마모토에서는 무엇을 먹어야 할까? 포털 사이트 검색창에 '쿠마모토 맛집'를 입력하면 바로 나오는 명물 톤카츠집부터 현지인에게 인기 있는 맛집까지, 든든한 한 끼를 책임질 맛집을 엄선해 소개한다.

카츠레츠테이 勝烈亭 ◀») 카츠레츠테에   쿠마모토의 명물 톤카츠

항상 긴 대기 행렬이 끊이질 않는 인기 톤카츠 전문점. 돼지고기, 빵가루, 기름 등 재료 하나하나를 독자적인 기준으로 엄선해 최상급 품질을 지향한다. 이는 고스란히 맛으로 반영되어 겉은 바삭하고 속은 실한 맛있는 톤카츠가 완성된다. 비치된 갓무침과 채소 절임을 곁들여 먹으면 더욱 맛있다. 안심, 등심, 새우튀김을 모두 담은 점심 한정 메뉴 '카츠레츠테이 정식勝烈亭定食'도 추천한다.

📍 熊本県熊本市中央区新市街8-18 ¥ 카츠레츠테이 정식勝烈亭定食 ¥1,815 🕚 11:00~21:30(마지막 주문 21:00) ✖ 12월 31일~1월 2일 📞 096-322-8771 🏠 www.hayashi-sangyo.jp 🧭 32.798635, 130.705872

코란테이 紅蘭亭 ◀》 코오란테에

솔 푸드 타이피엔을 아시나요?

1934년 창업한 노포 중화요리점. 중국에서 건너온 완탕이 쿠마모토식으로 변형돼 학교 급식으로 자주 등장하면서 쿠마모토를 대표하는 음식이 된 '타이피엔太平燕, タイピーエン'을 탄생시킨 선구자다. 닭 뼈 육수에 채소와 해산물을 듬뿍 넣고 당면을 넣은 다음 소금으로만 간을 한다. 재료의 맛을 충분히 살리되 뒷맛이 깔끔해 느끼한 라멘을 선호하지 않는 이라면 먹기 쉬울 것이다.

📍 熊本県熊本市中央区安政町5-26 ¥ 타이피엔太平燕, タイピーエン ¥1,080 🕐 11:00~21:00(마지막 주문 20:30) ❌ 부정기 📞 096-352-7177 🏠 www.kourantei.com 🎯 32.803823, 130.710281

완탕이 쿠마모토로 와서 타이피엔이 되었어요~

텐가이텐 天外天 ◀》 텐가이텐

문전성시 쿠마모토 로컬 라멘집

입맛을 돋우는 강렬한 맛 덕분에 현지인에게 큰 지지를 얻고 있는 라멘집. 1989년 창업한 이래 쿠마모토 사람들이 음주 후 즐기는 해장 라멘으로 사랑받아 왔다. 돼지 뼈 육수에 닭 육수와 마늘 향을 더해 한국인 입맛에도 맞는 라멘을 선보인다. 테이블에 비치된 '마늘 간장 절임ニンニク醤油漬'을 첨가하면 더욱 깊은 맛이 난다. 매운맛辛口, 돼지 수육チャーシュー 토핑 라멘도 있다. 또 라멘 주문 시 ¥350엔을 추가하면 곁들여 먹을 수 있도록 밥과 군만두 반 접시를 함께 제공한다. 본점은 쿠마모토 시내에서 다소 떨어진 외곽에 위치하나 JR 전철 쿠마모토 역사 내에 지점을 운영하고 있어 접근성도 좋다.

📍 JR쿠마모토역점 熊本県熊本市西区春日3-15-30 ¥ 라멘ラーメン ¥880 🕐 11:00~22:00 ❌ 부정기 📞 096-342-6856 🎯 32.801550, 130.711336

해장을 부르는 텐가이텐의 라멘!

THEME 03
이야기가 스민 공간에서
멋스럽게 커피 한잔

쿠마모토는 의외로 카페 순례하기 좋은 곳이다. 노면 전차가 지나는 풍경을 즐기며
커피 한잔, 보타이를 매고 흰 머리를 단정히 빗어 넘긴 바리스타의 구수한 호박 커피 한잔,
가벼운 식사를 곁들여 커피 한잔 마시다 보면 여행에 잔잔한 여유가 더해진다.

노면 전차 구경하며 커피 한잔

나가사키지로 長崎次郎喫茶室 ◀) 나가사키지로오킷사시츠

1924년 건축되어 국가 지정 유형 문화재이기도 한
서점 건물 2층에 카페가 들어섰다. 복고풍 내부 인
테리어를 그대로 살린 멋스러운 분위기와 어우
러지는 이곳의 포인트는 바로 전망이다. 창가
테이블에 앉으면 노면 전차가 오가는 풍경을
볼 수 있다. 달콤 짭조름하면서 구수한 맛이 일품인 케이크도 풍경과 함께 곁들일 것.

📍 熊本県熊本市中央区新町4-1-19 長崎次郎書店2F ￥ 쇼유 케이크 세트しょうゆケーキセット ¥1,210
🕐 11:26~17:26 ✕ 부정기 📞 096-354-7973 🌐 jirokissashitsu.otemo-yan.net
📡 32.800188, 130.696711 🔎 Nagasaki Jiro Cafe

커피 애로우 珈琲アロー ◀) 코오히아로우　　　　　　커피 순례자들의 단골 아지트

일왕과 유명 소설가 미시마 유키오三島由紀夫를 사로잡아 일약 유명세를 탄 카페.
1964년 문을 연 이래 일본 전국에서 커피 마니아가 끊임없이 찾아와 문을 두드리고
있다. 컵 속이 훤히 들여다보일 정도로 반투명한 호박색 커피는 원두 본연의 맛과 향
을 느끼고 좋은 성분을 그대로 흡수할 수 있도록 만든 것. 주인장이 한 잔 한 잔 정성
들여 만드는 모습을 눈앞에서 지켜보는 것도 이곳의 즐거움 중 하나다.

📍 熊本県熊本市中央区花畑町10-10 ¥ 커피コーヒー ¥500 🕐 월~토요일 11:00~22:00, 일
요일 14:00~22:00 ❌ 부정기 📞 096-352-8945 🏠 www.coffee-arrow.com
📡 32.801880, 130.706769 🔎 Coffee arrow

오카다 커피점 岡田珈琲店 ◀) 오카다코오히텐　　　　　　쿠마모토 커피의 자존심

쿠마모토 시내에 지점 6개를 운영 중인 커피 전문점. 1945년 작은 카페로 시작해 현
재는 연간 20만 명이 방문할 만큼 쿠마모토를 대표하는 카페로 성장했다. 자메이카
와 브라질 커피를 베이스로 7가지 원두를 배합해서 만드는 오카다 블렌드 커피가
추천 메뉴. 토스트, 샌드위치, 크루아상, 카레 등 식사 메뉴도 있으며, 모든 메뉴에 음
료가 포함된다.

📍 熊本県熊本市中央区上通町1-20 ¥ 오카다 블렌드岡田ブレンド ¥600, 식사 메뉴 ¥650~
🕐 10:00~19:00 ❌ 부정기 📞 096-356-2755 🏠 www.okada-coffee.com
📡 32.803344, 130.710376

난이도 레벨 1
쿠마모토에서 쿠마몬 찾기

'곰돌이 왕국' 쿠마모토의 공식 마스코트로 탄생했지만 어느덧 일본의 인기 캐릭터가 된
쿠마몬은 쿠마모토 시내 곳곳에서 불쑥 나타나 시민과 여행자를 기쁘게 한다.
명소 표지판이나 음식점 입간판은 물론이고 쿠마모토성의 복원 기금 마련을 위한
모금함이나 지역 특산품의 포장지에도 어김없이 등장한다. 쿠마모토를 돌아다니면서
곳곳에 숨어있는 쿠마몬을 찾아보는 깨알 같은 재미를 느껴보자.

태평양과 맞닿은 남국의 도시
미야자키
宮崎

거리를 수놓은 아열대 식물과 내리쬐는 뜨거운 햇살이 남태평양의 어느 섬을 방문한 듯한 기분이 들게 한다. 무덥지만 기분 나쁘지 않은 따스한 온기가 늘 감싸고 있어 더욱 그렇다. 미야자키는 겨울에도 평균 기온이 10℃ 이상 유지될 만큼 연중 온난한 기후가 계속되는 지역이다. 인천 국제공항에서 미야자키 공항까지는 1시간 40분, 짧은 비행으로 완전히 다른 세계에 훌쩍 숨어보자.

•미야자키

베스트 시즌
6~9월 태풍 시기를 제외한 1~5월, 10~12월

관광안내소
· **주소** 宮崎県宮崎市錦町1-8
· **시간** 09:00~18:00
· **휴무** 1월 1·2일

찾아가기
Access
○ **인천 국제공항**
 ┊ 직항 ⏱1시간 40분
○ **미야자키宮崎 공항**
 ┊ 전철 ⏱13분
○ **JR 전철 미야자키宮崎역**

미야자키
상세지도

미야자키에선 어떻게 이동할까

미야자키의 관광 명소는 다른 지역에 비해
멀리 떨어져 있기 때문에 반드시 대중교통
을 이용해야 한다. 미야자키 전 지역을 도는
버스를 타자. 미야자키 교통宮崎交通이 운행
하며, 외국인 여행자를 위한 1일 승차권도
판매한다.

¥ 1회 ¥730~, 1일 승차권 ¥1,500

유용한 승차권

비지트 미야자키 버스 패스
Visit Miyazaki Bus Pass
미야자키 교통에서 운행하는 버스를 하루 동안
자유롭게 승하차할 수 있는 외국인 전용 패스.

¥ ¥2,000 🏠 www.visit-bus-pass.com

✈ 미야자키 공항

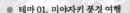

● 테마 01. 미야자키 풍경 여행

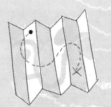

● 테마 02. 오비 성하 마을 투어

● 테마 03. 미야자키의 맛

선멧세니치난
● サンメッセ日南

우도 신궁
● 鵜戸神宮

0 |___| 2km

미야자키역 주변

오구라
おぐら

미야자키 버스 센터역
JR 미야자키역
관광안내소

오카시노히다카
お菓子の日高

0   350m

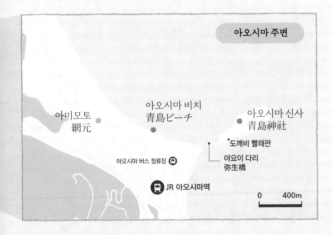

아오시마 주변

아미모토
網元

아오시마 비치
青島ビーチ

아오시마 신사
青島神社

도깨비 빨래판

아오시마 버스 정류장

야요이 다리
弥生橋

JR 아오시마역

0   400m

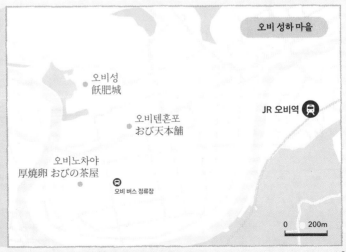

오비 성하 마을

오비성
飫肥城

JR 오비역

오비텐혼포
おび天本舗

오비노차야
厚焼卵 おびの茶屋

오비 버스 정류장

0   200m

233

THEME 01

현실은 잠시 | OFF
미야자키스러운 풍경 속으로

겨울에도 따뜻한 바람이 맞이하는 미야자키. 이러한 기후의 영향을 받아 마을 풍경도 이국적이지만, 전통적인 분위기를 품은 명소도 만날 수 있다. 여기에 눈을 의심할 만한 독특한 풍경도 펼쳐져 예상할 수 없는 재미를 안겨준다.

도깨비처럼 나타나는 기암 해안
아오시마 青島 ◀) 아오시마

'도깨비 빨래판'에 둘러싸인 직경 1.5km의 자그마한 섬이다. 도깨비 빨래판은 약 700만 년 전에 생긴 수성암이 융기해 긴 시간 동안 파도에 씻겨나가면서 딱딱한 사암층이 빨래판처럼 겹쳐 쌓인 것이다. 아오시마 비치와 연결된 야요이 다리弥生橋를 건너면 도달하며, 섬 안에는 아열대성 식물을 포함한 200여 종의 식물이 자라고 있다. 100m 앞바다까지 도깨비 빨래판이 선명하게 드러나는 간조 시간대에 맞춰 방문하자.

📍 宮崎県宮崎市青島2-13 🏃 JR 미야자키역 서쪽 출구 1번 버스 정류장에서 910·920·930·931·953·956번 버스 승차 후 아오시마 정류장 하차, 약 48분 소요. JR 미야자키역에서 전철 승차 후 아오시마역 하차, 38분 소요 🏠 sio.mieyell.jp/select?po=84503(간조 시간대 확인용 웹사이트) ◎ 31.803473, 131.473815

야자수 사이에 숨은 신사
아오시마 신사 靑島神社 ◀)) 아오시마진자

아열대 식물에 둘러싸인 경내 풍경을 보면 미야자키스럽다는 말이 절로 나오는 신사로 아오시마 중앙에 자리하고 있다. 신화에 등장하는 히코호호데미노미코토彦火火出見尊와 토요타마히메豊玉姬命 부부를 모시는 곳이라 사랑과 관련된 기운이 강한 편으로, 이곳을 방문하는 이들은 순산과 좋은 인연이 맺어지길 기원한다. 야자수 모양의 부적 '오마모리お守り'는 기념품으로 제격이다.

♀ 宮崎県宮崎市青島2-13-1　¥ 무료　🕐 24시간
✖ 0985-65-1262　🏠 www.aoshima-jinja.jp
🌀 31.804618, 131.474848

아오시마 비치 靑島ビーチ ◀)) 아오시마비이치

아오시마가 보이는 풍경

해수욕은 물론 서핑, 패러세일링, 요트 등 각종 마린 스포츠를 즐길 수 있는 비치. 바다 위에 덩그러니 떠 있는 아오시마를 그저 바라보는 것만으로도 힐링이 된다. 아오시마로 향하는 야요이 다리弥生橋를 건너기 전 해변 부근에 먹거리를 판매하는 푸드 트럭이 즐비하며, 매년 4~9월에는 불꽃놀이 등의 이벤트도 열린다.

♀ 宮崎県宮崎市青島2-233　🌀 31.804158, 131.466948

우도 신궁 鵜戸神宮 🔊 우도진구

동굴 속 신비스러운 신사

사랑의 결실이 맺기를 바라거나 순산, 육아 등을 기원하는 신사. 1900년대 초반까지 이 지역에서는 결혼할 때 반드시 이곳을 방문했으며, 참배가 끝난 후 신부는 친척이 이끄는 '샹샹우마しゃんしゃん馬'라는 말을 타고 돌아가는 풍습이 있었다고 전해진다. 해안에 인접한 신사의 위치와 그 모습이 무척 아름다워 국가 지정 명승지가 되었다. 바다가 내려다보이는 돌계단을 걸어 내려가면 동굴이 나타나고 본전本殿이 모습을 드러내며 이곳에서 참배가 이루어진다. 신사의 신을 지키는 사자가 토끼인 덕분에 신사 곳곳에서 토끼 모양 석상을 만나볼 수 있다.

📍 宮崎県日南市大字宮浦3232 ¥ 무료 🕕 06:00~18:00 ❌ 연중무휴
📞 0987-29-1001 🌐 www.udojingu.com 🧭 31.650458, 131.466548

TIP 우도 신궁에서 소원을 비는 방법

거북 바위 위 새끼줄 안에 구슬을 던져보아요.

토끼 석상에 동전을 올리고 소원을 말해요.

선멧세니치난 サンメッセ日南 ◀) 산멧세니치난　　　　　　　　모아이가 미야자키에 나타난 이유

태평양을 등지고 일렬로 나란히 서 있는 7개의 모아이 석상을 보면 이곳이 일본인지 이스터섬 인지 헷갈린다. 칠레 서쪽 남태평양에 있는 신비의 섬 '이스터섬Easter island'의 특별 허가를 받 고 만든 세계에서 유일한 복제품으로, 일본이 모아이의 수리·복원에 힘쓴 공을 높이 평가해 성사되었다. 본래 모아이는 의례 의식의 절차에 따라 지어 불가사의한 영혼이 잠들어 있다고 믿는데, 이곳 모아이도 각각 행운의 의미를 지니고 있다. 보이는 순서대로 왼쪽부터 일, 건강, 연애, 소원, 결혼, 금전, 학업이다. 모아이를 마주 보는 곳에 위치한 컬러풀한 사람들은 '보와이 안ヴォワイアン'이라 명명된 작품이며, 돌로 형상화한 나비 모양 해시계, 모아이를 바라보며 즐길 수 있도록 설치한 나무 그네 등 즐길 거리가 포진해 있다.

📍 宮崎県日南市大字宮浦2650　🚶 JR 미야자키역 서쪽 출구 1번 버스 정류장에서 965번 버스 승차 후 선 멧세니치난 정류장 하차, 약 1시간 24분　💴 일반 ¥1,000, 중·고등학생 ¥700, 만 4~12세 ¥500　🕐 09:30~ 17:00　✖ 수요일　📞 0987-29-1900　🏠 www.sun-messe.co.jp　🌐 31.662591, 131.461134

THEME 02

고즈넉한 일본의 옛 마을
오비 성하 마을에서 보내는 하루

아유미짱 맵 투어 あゆみちゃんマップツアー ◀)) 아유미짱맙뿌츠아

오비 성하 마을을 더욱 즐겁게 산책하는 방법! 바로 이곳의 마스코트 '아유미짱あゆ
みちゃん'이 제안하는 지도를 토대로 이곳저곳을 둘러보는 것이다. 마을에 자리한 35
곳의 명소 및 점포 가운데 방문하고 싶은 곳을 고른 다음 찾아가면 된다.
맵에는 명소 입장권과 음식점, 기념품점에서 사용 가능한 5장의 교환권이 포함되
어 있다. 지도에 나와 있는 곳을 방문해 직원에게 교환권을 내밀면 된다. 맵은 두 종
류로, 음식점과 기념품점에서만 사용 가능한 기본권과 관광지 4곳이 추가된 명소 포함권이 있
다. 오비 성하 마을의 옛 모습을 느낄 수 있는 유서 깊은 명소를 함께 둘러보고 싶다면 명소 포
함권을 추천한다. 마을 전체는 그리 크지 않아 1~2시간이면 충분히 돌아볼 수 있다. 맵은 마을
안내소 및 명소 입구에서 판매한다.

📍宮崎県日南市飫肥9-1-14(판매소) 🚶 JR 미야자키역 서쪽 출구 1번 버스 정류장에서 965번 버스 승차 후
오비 정류장 하차, 약 2시간 11분 소요. JR 미야자키역에서 전철 승차 후 오비역 하차, 1시간 10분 소요 💴 기
본 ¥800, 명소 포함권 일반 ¥1,400, 고등·대학생 ¥1,200, 초등·중학생 ¥950 🕐 09:00~16:30 ❌ 연중
무휴 📞 0987-67-6029 🏠 obijyo.com/tabe-machi/ 🧭 31.626650, 131.351457

> ### 명소 포함권으로
> ### 방문 가능한 관광지
>
> 명소 Ⓐ 역사자료관歷史資料館
> 명소 Ⓑ 마츠오노마루松尾の丸
> 명소 Ⓒ 요쇼칸豫章館
> 명소 Ⓓ 코무라기념관小村記念館

오비 성하 마을 飫肥城下町 ◀) 오비조오카마치

큐슈의 작은 교토

1588년부터 1800년대 중반까지 약 280년간 이 지역의 중심지로 번성했던 마을이다. 성하 마을이란 옛 일본의 도시 형태로, 영주가 거주했던 성을 중심으로 형성된 지역을 뜻한다. '큐슈의 작은 교토'라 불릴 만큼 미야자키에서는 드물게 옛 정취를 느낄 수 있는 곳이어서 일본 정부가 지정한 전통 건축물 보존 지구로 등록되어 있다.

📍 宮崎県日南市星倉8-1 🕐 가게마다 다름 📞 0987-67-6029
🏠 obijyo.com 🧭 31.624864, 131.352627

─ 오비 성하 마을의 고즈넉한 명소 ─

오비성 飫肥城 ◀) 오비조오

역사를 간직한 위풍당당한 위엄

일본 전국 시대 당시 날 선 공방이 벌어졌던 역사의 무대. 80여 년에 걸친 기나긴 전쟁에서 다양한 활약을 펼치며 공을 세운 이토伊東 가문이 땅을 부여받아 세운 성이다. 1868년 근대화 개혁을 이룬 메이지 유신明治維新의 영향으로 성 대부분이 철거되었으나, 1978년에 오테문大手門을 복원해 그 흔적을 잠시나마 유추해볼 수 있다. 고즈넉하면서도 멋스러운 길을 걸어보자.

📍 宮崎県日南市飫肥10-1 ¥ 24시간 📞 0987-25-4533 🧭 31.628653, 131.351584

오테문

오비텐혼포 おび天本舗 ◀ッ 오비텐혼포

수백 년의 전통을 지닌 오비의 먹거리 '오비텐おび天'을 맛볼 수 있는 가게. 으깬 어육에 두부, 흑설탕, 미소 된장, 비법 육수를 섞어 기름에 튀긴 일종의 어묵이다.

📍宮崎県日南市飫肥4-1-20 💴오비텐おび天 ¥100, 아유미짱 맵 5번 가게 🕐08:30~17:30
❌부정기 📞0987-25-2763 🏠www.obiten.co.jp 🌀31.627114, 131.353580

오비노차야 厚焼卵 おびの茶屋 ◀ッ 오비노차야

숯불로 구운 두꺼운 일본식 달걀말이 '아츠야키타마고厚焼卵'를 판매하는 가게. 푸딩의 탄력감과 설탕의 달달한 맛이 느껴져 밥반찬보다는 디저트처럼 먹는다.

📍宮崎県日南市飫肥8-1-12 💴아츠야키타마고厚焼卵 ¥200, 아유미짱 맵 14번 가게
🕐08:00~17:00 ❌수요일 📞0987-25-1240 🌀31.624758, 131.351349

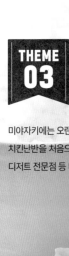
세월 한 숟갈, 맛 두 숟갈
미야자키의 맛

미야자키에는 오랜 시간 자리를 지켜온 노포들이 있다.
치킨난반을 처음으로 고안한 가게, 누적 판매량 1,000만 개를 팔아온
디저트 전문점 등 미야자키의 맛을 지켜온 곳들을 여행해보자.

오구라 おぐら 🔊 오구라

치킨난반의 발상지

단촛물에 재운 닭튀김에 타르타르소스를 뿌려 먹는, 미야자키 지역의 명물 요리로 자리 잡은 '치킨난반チキン南蛮'. 오구라는 치킨난반을 처음 고안한 가게로 창립 60년이 지났지만 변함없는 사랑을 받고 있다. 이곳의 치킨난반은 보기와 달리 볼륨감이 있어 성인 남성도 함께 주는 밥과 파스타를 남길 정도다. 회전율이 높은 편이라 대기 줄이 있어도 금방 들어갈 수 있다.

본점 宮崎県宮崎市橘通東3-4-24 ¥ 치킨난반チキン南蛮 ¥1,180 11:00~15:00(마지막 주문 14:20), 17:00~20:30(마지막 주문 19:50) 부정기(트위터 참조) ogura_nanban 0985-22-2296 www.ogurachain.com 31.915902, 131.423687 오구라 본점

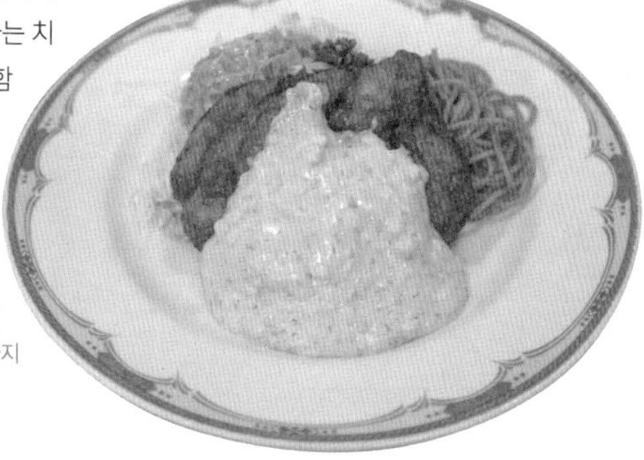

아미모토 網元 🔊 아미모토

바다의 행복이 한 상에

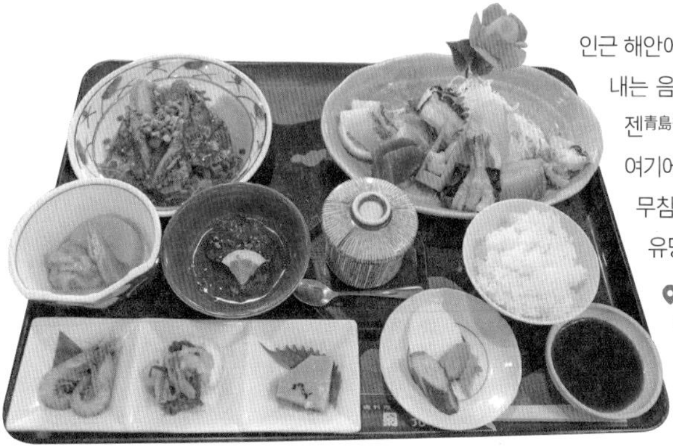

인근 해안에서 잡은 싱싱한 해산물로 푸짐한 한 상을 차려 내는 음식점이다. 지역명을 딴 인기 메뉴 '아오시마고젠青島御膳'은 쉽게 설명하면 일식집의 회 정식과 같다. 여기에 전채, 생선 튀김, 해물 미소 된장국, 해조 식초 무침 등 다양한 음식이 가득 담겨 나온다. 해산물로 유명한 미야자키인 만큼 꼭 먹어보길 권한다.

宮崎県宮崎市青島1-5-5 ¥ 아오시마고젠青島御膳 ¥2,300 10:00~15:00, 17:00~21:00 부정기 0985-65-0125 31.805039, 131.461899

오카시노히다카 お菓子の日高 🔊 오카시노히다카

간식으로 권해요

1951년에 문을 연 미야자키의 대표적인 디저트 전문점. 누적 판매량 1,000만 개를 돌파한 '난자코라 다이후쿠なんじゃこら大福'는 탄생 30주년을 맞은 간판 디저트로 팥, 밤, 딸기, 크림치즈를 감싼 떡이다. 다이후쿠만큼 인기가 높은 상품은 역시나 30년 가까이 판매되고 있는 '치즈 만주チーズ饅頭'로 아몬드와 건포도를 넣은 빵 속에 크림치즈가 들어 있다.

宮崎県宮崎市橘通西2-7-25 ¥ 난자코라 다이후쿠なんじゃこら大福 ¥500, 치즈 만주チーズ饅頭 ¥200 09:00~21:00 1월 1일 0985-25-5300 hidaka.p1.bindsite.jp 31.912970, 131.422269 Hidaka Confectionery Main Store

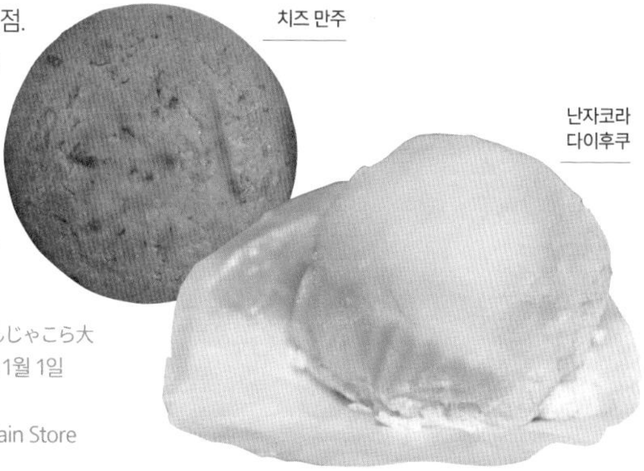

치즈 만주

난자코라 다이후쿠

기차 타고 모래 온천으로
이부스키
指宿

이부스키는 세계에서 유례를 찾기 어려운 '스나무시 온센砂むし温泉' 마을이다. 스나무시 온센은 모래 위에 누워 땀을 빼는 온천으로, 대개 얼굴을 제외한 온몸을 따뜻한 모래로 덮는 방식으로 즐긴다. 큐슈 최남단에 위치한 이부스키로 떠나기는 쉽지 않지만 기차 여행의 낭만을 생각하면 어려운 일은 아니다.

이부스키

베스트 시즌

사계절 언제나

관광안내소

· **주소** 鹿児島県指宿市湊1-1-1
· **시간** 09:00~17:00 · **휴무** 부정기

찾아가기

Airport

○ **인천 국제공항**
⋮ 직항 ⏱ 1시간 55분
○ **카고시마鹿児島 공항**
⋮ 공항버스(연락버스) ⏱ 약 38분
○ **카고시마중앙역鹿児島中央**

Train

○ **JR 전철 카고시마중앙鹿児島中央역**
⋮ 기차 ⏱ 55분~1시간 20분
○ **JR 전철 이부스키指宿역**

큐슈 속
이부스키

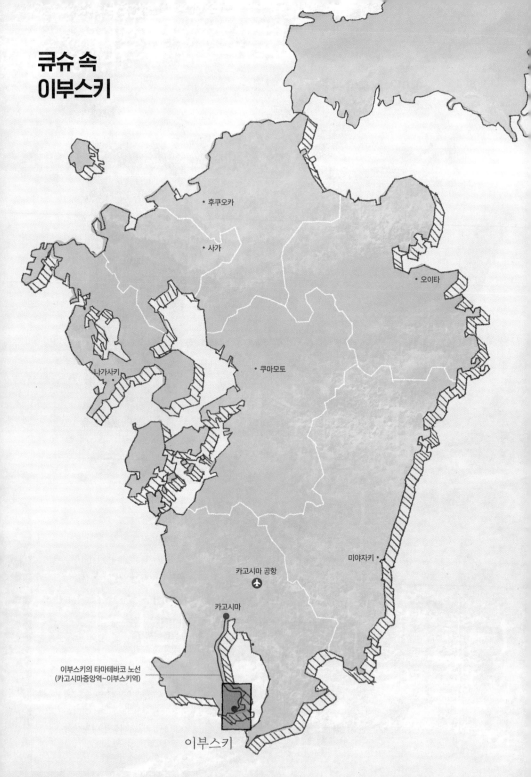

후쿠오카

사가

오이타

나가사키

쿠마모토

미야자키

카고시마 공항

카고시마

이부스키의 타마테바코 노선
(카고시마중앙역~이부스키역)

이부스키

이부스키
상세지도

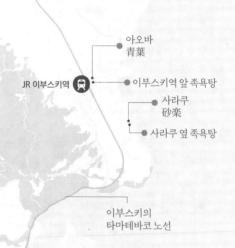

▲
🚉
JR 카고시마중앙역

이부스키에선 어떻게 이동할까

이부스키의 모래 온천 중 사라쿠는 JR 이부스키역 부근에 위치해 접근성이 좋다. 또 다른 모래 온천 사유리는 이부스키역 앞 버스 정류장에서 카고시마 교통鹿児島交通이 운행하는 버스를 타고 간다. 니시오야마역까지는 JR 전철을 이용하면 한번에 이동할 수 있다.

¥ 1회 버스 일반 ¥350, 어린이 ¥180/ 전철 일반 ¥280, 어린이 ¥140

유용한 승차권 JR 남큐슈 레일 패스 JR South Kyushu Rail Pass

카고시마鹿児島, 오이타大分, 미야자키宮崎, 쿠마모토熊本 지역의 보통열차와 특급열차, 카고시마와 쿠마모토 간 신칸센新幹線(일본의 KTX)을 3일간 자유롭게 이용할 수 있는 외국인 여행자 전용 패스. 한국의 여행사와 소셜 커머스를 통해 온라인에서 쉽게 구매할 수 있다. 국내에서 구매 후 일본 현지에서 개시할 것을 추천한다. 특급관광열차 타마테바코指宿のたまて箱 p.249 는 JR 남큐슈 레일 패스를 구매하면 무료로 이용 가능하다. 단, 타마테바코는 유후인노모리 같은 특급관광열차라서 좌석 예약은 필수다. 일본 현지에서는 무료로 예약할 수 있지만 성수기에는 어려울 수 있으므로 우리나라에서 JR 패스 홈페이지를 통해 좌석을 예약한다. 예약대행금은 인당 1,000엔이다.

¥ 일반 ¥8,000, 어린이 ¥4,000

● 아오바
青葉

JR 이부스키역 🚉 ● 이부스키역 앞 족욕탕

● 사라쿠
砂楽

◀ 사라쿠 옆 족욕탕

이부스키의
타마테바코 노선

JR 니시오야마역 🚉

● 사유리
砂湯里

● 테마 01. 기차 타고 온천 마을로

● 테마 02. 노곤노곤 모래 온천

0 ⌞_____⌟ 920m

타는 순간 여행 시작
기차 타고 온천 마을로

이부스키는 이동하는 시간조차 여행 기분을 맘껏 누릴 수 있도록 관광열차를 운영한다. 온천을 즐겼다면
기분 전환을 위해 조금만 더 남쪽으로 향해 일본의 최남단 열차 역에서 여행의 대미를 장식하자.

이부스키의 타마테바코 指宿のたまて箱 ◀)) 이부스키노타마테바코

카고시마鹿児島현의 중심 역인 카고시마중앙역에서 이부스키까지는 JR 전철을 이용한다. 일반 보통열차로 55분~1시간 20분이 소요되는 거리로 다소 먼 편이다. 단순 이동이라 생각하면 지루할 법한 시간을 이부스키 여행의 시작으로 만드는 건 어떨까. 깔끔하고 세련된 인테리어가 눈길을 끄는 차량 내부에는 다양한 종류의 좌석을 마련해놓았다. 친구와 즐거운 대화를 나누고자 할 때 좋은 '박스 시트', 차창 밖 풍경을 정면으로 바라볼 수 있는 '카운터 시트', 구비된 동화책을 읽으며 이동할 수 있는 '책장&소파 시트' 등이 그것이다. 모든 좌석은 지정석이므로 각자 취향에 맞춰 예매하자.

📍 鹿児島県鹿児島市武1丁目1 　💴 일반 ¥2,300, 어린이 ¥1,150 　🕐 매일 3회 왕복
📞 050-3786-3489 　🏠 www.jrkyushu.co.jp/trains/ibusukinotamatebako
🌐 31.583874, 130.541255

타마테바코 운행 정보

카고시마중앙역-이부스키역
· **1호** 09:56~10:47
· **3호** 11:56~12:47
· **5호** 14:02~14:58

이부스키역-카고시마중앙역
· **2호** 10:56~11:48
· **4호** 12:57~13:48
· **6호** 15:07~16:00

예약할 때 출발지는 카고시마중앙역鹿児島中央역, 도착지는 이부스키指宿역으로 지정하면 된다.

IBUTAMA

니시오야마역 西大山駅 🔊 니시오오야마에키 일본의 최남단 열차 역

일본 전역을 연결하는 철도 회사 JR 전철의 최남단 역인 니시오야마역은 이부스키를 둘러본 후 시간이 남는 이들에게 추천하는 명소다. 유채꽃이 만발하는 꽃밭 사이에 덩그러니 자리한 역사는 이 지역의 후지산(사츠마후지薩摩富士)이라 불리는 '카이몬다케 開聞岳'가 보이는 풍경 아래 있다. 역사에는 아기자기한 감성을 불러일으키는 조형물이 군데군데 설치되어 있다. 행복을 전하는 노란 우체통은 이부스키의 시화市花인 유채꽃을 형상화한 것으로, 실제 우체통으로 이용된다. 역 앞에 있는 행복의 종은 소중한 이의 행복을 기원하며 소원의 수만큼 종을 치면 된다고 한다. 매년 12~2월 사이에 피어나는 유채꽃은 열차와 어우러지며 장관을 이룬다. JR 전철 이부스키역에서 16~19분이면 도착하는 거리에 있어 이동을 고려하면 여유 시간은 2시간 정도 필요하다.

📍 鹿児島県指宿市山川大山602 🌐 31.190328, 130.576515

온몸의 피로가 풀리는
노곤노곤 모래 온천 체험

풍부한 온천수를 뿜어내는, 바다와 인접한 모래 위에 자리를 잡고 눕는 순간 온천욕이 시작된다.
이부스키의 모래 온천은 시설이 잘 갖추어져 있으며, 직원들의 세심한 배려도 돋보인다.

샤유리 모래 온천

사유리 모래 온천

모래 온천 砂むし温泉 ◀) 스나무시온센

이부스키 하면!

세계 어디서도 보기 드문 모래 온천은 300년 전부터 애용되어 온 방식이다. 온천수에 몸을 담그는 일반적인 방식이 아니라 뜨끈뜨끈한 모래 속으로 들어가 땀을 내는 것으로, 모래 속에서 얼굴만 빼꼼 내밀고 온천을 즐기는 진풍경은 보는 이들의 웃음을 자아낸다. 하지만 직접 체험하면 그 효과에 다들 놀라는 기색이다. 실제로 다양한 실험을 통해 의학적 효과가 입증되었다. 몸속까지 따뜻해져 혈액 순환에 도움이 되는 것은 물론 노폐물을 배출하고 충분한 산소를 공급해 피로를 풀어준다. 마치 한증막에 들어갔다 나온 것처럼 땀은 나지만 상쾌하고 시원한 기분이 든다.

① 온천 접수처에서 입욕에 관한 간단한 설명을 듣고 간편한 전통
　의상인 유카타浴衣와 수건을 받는다.

② 탈의실에서 전신 탈의 후 유카타로 갈아입는다(수영복은 땀을
　내는 데 방해되므로 착용 금지).

③ 직원의 지시에 따라 지정된 모래 위에 눕는다.

④ 약 10분간 입욕(10분 이상은 저온 화상, 탈진, 어지럼증의 원인
　이 되므로 삼가자).

⑤ 입욕을 마친 후 지정된 곳에서 유카타를 벗고 샤워를 하며 모
　래를 털어낸다.

⑥ 모래를 전부 털어낸 뒤 온천탕에 입욕.

⑦ 탈의실에서 옷을 갈아입는다.

자연 조망과 온천을 동시에
사유리 砂湯里 ◀◐ 사유리

세계 최대 여행 리뷰 사이트 '트립어드바이저Trip Advisor'에서 당일치기 온천 여행 부문 전국 1위를 차지한 모래 온천. 온천 오른편에 우뚝 솟은 카이몬다케開聞岳산과 후시메伏目 해안이 시원스럽게 펼쳐지는 경치 좋은 곳에서 모래 온천을 즐길 수 있다는 점이 가장 큰 특징. 알록달록한 작은 우산으로 햇빛을 가려주는 센스까지 겸비해 자외선에 노출될 염려도 없다. 대자연에 둘러싸여 파도 소리를 들으며 누워 있으면 신선놀음이 따로 없다. 관절염, 요통, 수족냉증에 효과가 좋으며 디톡스 효과도 기대할 수 있다. 온천 증기로 삶은 고구마와 달걀도 간식으로 꼭 즐겨보자.

📍鹿児島県指宿市山川福元3339-3 ￥모래 온천(유카타 포함) 중학생 이상 ¥830, 초등학생 이하 ¥460/ 온천 중학생 이상 ¥210, 초등학생 이하 ¥100 🕙10~6월 09:00~17:30 ❌연중무휴 📞0993-27-6966 🏠ppp.seika-spc.co.jp/healthy 🌐31.183015, 130.614921 🔍Ibusuki Sayuri
＊자연 재해로 인해 복구 작업 중, 2024년 4월 영업 재개

수증기가 피어오르는 모래 온천
사라쿠 砂楽 ◀◐ 사라쿠

해안가에 자연적으로 분출하는 풍부한 온천수를 이용하는 모래 온천. 바다가 바로 보이는 모래사장에서 뜨끈뜨끈 피어오르는 수증기가 눈에 띄어 자연 온천임을 실감할 수 있다. 신경통, 관절통, 갱년기 증상을 완화시켜주고 피부가 고와지는 미용 효과도 누릴 수 있다. 온천을 끝낸 다음 2층 휴식 공간에도 반드시 들러, 테라스에 마련된 전망대에서 탁 트인 바다 풍경을 조망하자.

📍鹿児島県指宿市湯の浜5-25-18 ￥모래 온천(유카타 포함) 중학생 이상 ¥1,100, 초등학생 이하 ¥600/ 일반 온천 중학생 이상 ¥620, 초등학생 이하 ¥310, 수건 대여 ¥200 🕙월~금요일 08:30~12:00, 13:00~21:00(마지막 입장 20:30), 토·일요일 08:30~21:00(마지막 입장 20:30) ❌부정기 📞0993-23-3900 🏠sa-raku.sakura.ne.jp
🌐31.229822, 130.651952 🔍Saraku Sand Bath Hall

모래 온천 전후에 무료로!
족욕 足湯

온천 마을답게 이부스키 마을 곳곳에 누구나 즐길 수 있도록 무료로 개방한 족욕 시설이 마련되어 있다. 대표적인 시설은 JR 전철 이부스키 역사 앞에 설치된 족욕탕이다. 나트륨이 포함된 염화물 온천수로 땀의 증발을 방해해 보온 효과가 뛰어나며 따뜻함이 오래 유지된다. 온천 시설 사라쿠砂楽 옆에도 족욕을 즐기며 손도 담글 수 있는 족욕탕이 있다.

이부스키역 앞 족욕탕
📍 鹿児島県指宿市湊1-1-1 🕐 08:00~21:40
❌ 연중무휴 🌀 31.237896, 130.642674

사라쿠 옆 족욕탕
📍 鹿児島県指宿市湯の浜5-25-18 🕐 08:00~23:55
❌ 연중무휴 🌀 31.229908, 130.651938

사라쿠 옆 족욕탕
이부스키역 앞 족욕탕

족욕 후 들러보세요!

아오바 青葉 🔊 아오바

이부스키 온천의 맛

이부스키역 족욕탕 바로 앞에 있는 인기 음식점. 이부스키 온천의 원천에서 익힌 달걀과 이부스키산 흑돼지 삼겹살이 절묘한 조화를 이루는 덮밥은 이부스키가 인정하는 현지 명물 음식이다. 고기 양념은 이곳만의 비밀 소스로, 입맛을 돋우는 데 큰 역할을 한다.

📍 鹿児島県指宿市湊1-2-11 🍴 온타마랑동温たまらん丼
¥980 🕐 11:00~15:00(마지막 주문 14:30), 17:30~22:00(마지막 주문 21:30) ❌ 수요일 📞 0993-22-3356
🏠 www.aoba-ibusuki.com 🌀 31.238193, 130.642722
🔍 Aoba Ibusuki

리얼 일본 소도시

PART
04

四国

소소하지만 행복하게
여행하는 방법

시코쿠

소소한 행복을 찾아 떠나볼까

시코쿠의 소도시들

일본 열도를 이루는 4개의 섬 중 가장 작은 섬 시코쿠.
하지만 예술 작품마저 풍경이 되는 시코쿠의 매력은
어느 여행지보다 크다. 우동과 관련된 모든 것을 경험할 수 있는
타카마츠, 섬 자체가 하나의 갤러리인 나오시마와 카가와의 섬들,
예술가들이 사랑한 온천 마을 마츠야마가 우릴 부른다.

시
코
쿠

★★☆ 우동 도시를 즐기는 가장 맛있는 방법, **타카마츠**
★★☆ 거대한 호박이 반기는 섬이 있다고? **나오시마·테시마·쇼도시마**
★☆☆ 미야자키 하야오가 사랑한 온천 마을, **마츠야마**

특별한 여행을 꿈꾼다면?
백사장에 펼쳐진 미니 정원, **카츠라하마**

쇼도시마

레시마

나오시마

타카마츠

마츠야마

카츠라하마

코스부터 이동까지
시코쿠를 여행하는 방법

시코쿠 여행의 베이스캠프는 타카마츠로 잡아보자. 타카마츠는 시내와 공항의
거리가 가까울 뿐 아니라 나오시마와 같은 카가와현의 섬들로의 이동이 편리하다.
또한 당일치기로 다녀올 수 있는 도시도 다양하다.

시코쿠 여행 교통 정보

타카마츠 ↔ 마츠야마

🚃 2시간 30분
JR 이요선伊予線 특급이시즈치特急いし
づち

🚌 2시간 52분
JR 시코쿠四国 버스 또는 이요테츠伊予
鉄 버스 또는 시코쿠 고속버스 봇짱익
스프레스호坊っちゃんエクスプレス号

타카마츠 ↔ 코치

🚃 2시간 35분
타카마츠↔타도츠多度津(환승)↔코치

🚌 2시간 6분
토사덴とさでん교통 또는 시코쿠 고속버스
쿠로시오익스프레스호黒潮エクスプレス号

마츠야마 ↔ 코치

🚌 직행이 어렵고 환승이 번거로우
므로 버스 권장

🚌 2시간 40분
JR 시코쿠四国 버스 난고쿠익스프레
스호なんごくエクスプレス号 또는 이요
테츠伊予鉄 버스 호에르익스프레스
ホエールエクスプレス

타카마츠-주변 섬 구간 페리 정보

출발지	항구명	도착지	항구명	이동수단	소요시간
타카마츠	타카마츠高松항	나오시마	미야노우라宮浦항	고속선	30분
				페리	50분
		테시마	이에우라家浦항	페리	35분
		쇼도시마	토노쇼土庄항	페리	1시간 15분
			이케다池田항	페리	1시간
나오시마	혼무라本村항	테시마	이에우라家浦항	페리	20~30분
테시마	카라토唐櫃항	쇼도시마	토노쇼土庄항	고속선	20분
				페리	30분

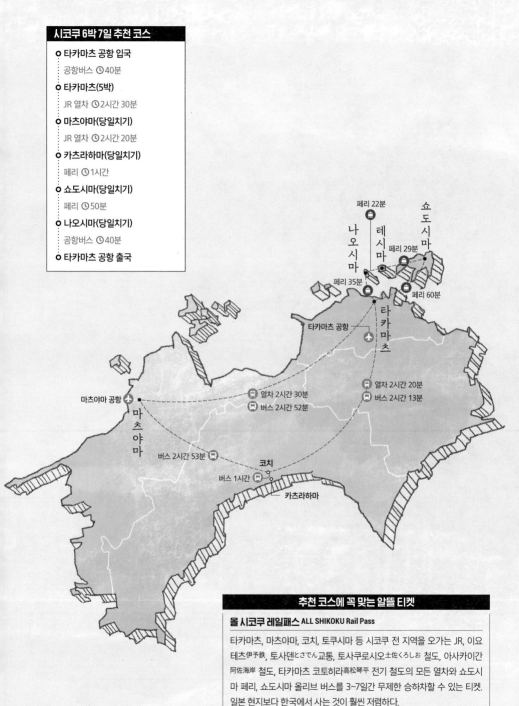

시코쿠 6박 7일 추천 코스

○ **타카마츠 공항 입국**

공항버스 ⓒ 40분

○ **타카마츠(5박)**

JR 열차 ⓒ 2시간 30분

○ **마츠야마(당일치기)**

JR 열차 ⓒ 2시간 20분

○ **카츠라하마(당일치기)**

페리 ⓒ 1시간

○ **쇼도시마(당일치기)**

페리 ⓒ 50분

○ **나오시마(당일치기)**

공항버스 ⓒ 40분

○ **타카마츠 공항 출국**

페리 22분

페리 29분

나오시마

테시마

쇼도시마

페리 35분

페리 60분

타카마츠

타카마츠 공항

마츠야마 공항

마츠야마

열차 2시간 30분
버스 2시간 52분

열차 2시간 20분
버스 2시간 13분

버스 2시간 53분

버스 1시간

코치

카츠라하마

추천 코스에 꼭 맞는 알뜰 티켓

올 시코쿠 레일패스 ALL SHIKOKU Rail Pass

타카마츠, 마츠야마, 코치, 토쿠시마 등 시코쿠 전 지역을 오가는 JR, 이요 테츠伊予鉄, 토사덴とさでん교통, 토사쿠로시오土佐くろしお 철도, 아사카이간 阿佐海岸 철도, 타카마츠 코토히라高松琴平 전기 철도의 모든 열차와 쇼도시마 페리, 쇼도시마 올리브 버스를 3~7일간 무제한 승하차할 수 있는 티켓. 일본 현지보다 한국에서 사는 것이 훨씬 저렴하다.

¥ 3일권 일반 ¥12,000, 어린이 ¥6,000/ 4일권 일반 ¥15,000, 어린이 ¥7,500/ 5일권 일반 ¥17,000, 어린이 ¥8,500/ 7일권 일반 ¥20,000, 어린이 ¥10,000

우동현에 오신 것을 환영합니다
타카마츠
高松

지역민의 우동 사랑이 얼마나 대단하면 자신들이 사는 곳을 우동현이라 불러달라고 했을까. 이곳은 우동이 주식이라 해도 과언이 아닐 정도로 현 내 800여 곳의 우동집은 어디나 대기 행렬이 늘어서 있다. 이렇듯 웃음을 자아내는 진풍경을 눈으로 직접 확인하고 싶다면 일명 우동현인 카가와川현의 중심지 타카마츠를 방문하자. 우동 맛집을 따라 떠나는 우동 버스가 달리고 우동 만들기를 체험할 수 있는 우동 학교도 있으며 맛있는 우동집도 넘쳐난다. 볼록했던 배가 제자리로 돌아올 때까지 지루하지 않도록 시내 곳곳에 아름다운 명소들도 심심풀이 땅콩마냥 자리한다.

타카마츠

베스트 시즌

사계절 언제나

관광안내소

· 주소 香川県高松市浜ノ町1-20
· 시간 09:00~20:00
· 휴무 연중무휴

찾아가기

Access

⚲ 인천 국제공항

　직항　🕐 1시간 40분

⚲ 타카마츠高松 공항

　공항버스　🕐 약 40분

⚲ JR 타카마츠역 앞 정류장

Train

JR 전철 타카마츠高松역

타카마츠 시내 중심

타카마츠항
高松港

관광안내소
JR 타카마츠역　　코토덴 다카마츠치코역

후게츠
手打うどん 風月

추루마루
手打ちうどん 鶴丸

미나미 커피점
南珈琲店

코토덴 카와라마치역

우동 바카이치다이
手打十段 うどんバカ一代

JR 리츠린코엔키타구치역

JR 리츠린역

리츠린 공원
栗林公園

코토덴 리츠린코엔역

0　　　450m

코토덴 코토덴코토히라역

코토히라궁　　나카노 우동 학교(코토히라교)
金刀比羅宮　　中野うどん学校(琴平校)

0　　1.6km

264

타카마츠
상세지도

야시마지
屋島寺

야시마 산정
屋島山上

우동 혼진야마다야(본점)
うどん本陣山田家

와라야
わら家

나카노 우동 학교(타카마츠교)
中野うどん学校(高松校)

코토덴 붓쇼잔역 🚉 붓쇼잔 온천
仏生山温泉

타카마츠에선 어떻게 이동할까

시내 주요 교통수단은 타카마츠 코토히라 전기
철도高松琴平電気鉄道에서 운행하는 코토덴にとでん
이다. 대부분의 명소 부근에 정류장이 있어 편리
하다. 시내에서 멀리 떨어진 우동 학교나 코토히
라궁으로 갈 경우 1일 승차권을 추천한다.

¥ 1회 일반 ¥190~, 어린이 ¥100~

유용한 승차권

코토덴 1일 승차권 ことでん1日フリーきっぷ

타카마츠 시내를 아우르는 전철 '코토덴にとでん'을 하
루 동안 무제한으로 탈 수 있다.

¥ 1일 승차권 일반 ¥1,230, 어린이 ¥620

✈ 타카마츠 공항

● 테마 01. 우동 버스 투어

● 테마 02. 우동 학교에 입학하다

● 테마 03. 사누키 우동 한 그릇

THEME 01

우동현을 즐기는 첫 번째 방법
출발합니다! 우동 버스

우동 맛집이 포진한 타카마츠를 더욱 편리하고 신나게 여행하는 방법! 그건 바로 우동 버스うどんバス에 몸을 맡긴 채

맛길 여행을 떠나는 것이다. 현지인이 적극 권하는 맛있는 우동집 2곳을 들르는 오전 플랜과

여기에 명소 한 곳이 추가되는 오후 플랜이 있으며, 하루 코스를 선택하면 오전과 오후를 모두 돌아보게 된다.

요일별로 방문하는 곳이 다르므로 가고 싶은 명소와 맛집을 고른 후 코스를 선택하는 것이 좋다.

📍 香川県高松市浜ノ町1(JR 타카마츠역 앞 9번 버스 정류장)
¥ 월~금요일 반나절 코스 일반 ¥1,000, 초등학생 ¥500, 하루 코스 일반 ¥1,600/ 토·일·공휴일 하루 코스 일반 ¥1,500, 초등학생 ¥750, 미취학 아동 동반 1인당 1명 무료
🕐 오전 플랜 09:25~12:00, 오후 플랜 12:30~16:30, 하루 플랜 09:25~16:15 ✖ 4월 하순~5월 상순, 8월 중순, 공휴일, 연말연시(홈페이지 참조) 📞 087-851-3155
🏠 www.kotosan.co.jp/sp 🎯 34.351736, 134.047473

카마아게 우동의 대표 격
와라야 わら家 ◀》 와라야

삶은 우동을 찬물에 헹구지 않고 그대로 먹는 '카마아게 우동釜あげうどん' 전문점으로 타카마츠 동부의 대표적인 우동집이다. 주문을 받은 다음에 면을 살짝 데쳐서 제공하므로 뜨끈뜨끈하다. 호리병에 담긴 국물을 그릇에 따른 다음 파를 듬뿍 넣고 생강을 적당량 첨가해서 찍어 먹자.

📍 香川県高松市屋島中町91 ¥ 카마아게 우동釜あげうどん 보통 ¥540, 점보 ¥820 🕐 09:30~18:00(마지막 주문 17:30) ✖ 연중무휴 📞 087-843-3115 🏠 www.wara-ya.co.jp
📡 34.343770, 134.108233

전통 가옥에서 즐기는 우동
우동 혼진야마다야 うどん本陣山田家 ◀》 우동혼진야마다야

일본 국가 지정 유형 문화재로 등록된 전통 가옥에서 우동을 즐겨보자. 창업 당시부터 한결같은 사랑을 얻고 있는 '붓카케 우동ぶっかけうどん'은 풍미 가득한 육수와 쫄깃한 면발 그리고 마치 춤을 추듯 면발 위에 놓인 가다랑어포가 삼박자를 이룬다. 식사 후 휴식을 취하기에도 좋다.

📍 본점 香川県高松市牟礼町牟礼3186 ¥ 붓카케 우동ぶっかけうどん ¥350 🕐 10:00~20:00 ✖ 연중무휴 📞 087-845-6522 🏠 www.yamada-ya.com 📡 34.353307, 134.129625
🔎 Udon Yamadaya

267

리츠린 공원 栗林公園 📢 리츠린코오엔

일본에서 가장 넓은 문화재 정원

면적이 자그마치 5만 평에 달하며, 뒷배경인 시운잔紫雲山까지 합치면 무려 22만 평으로 일본 국가 문화재로 지정한 정원 가운데 가장 넓다. 흙을 이용해 인공으로 쌓은 13개의 동산과 6개의 연못 그리고 100여 종의 꽃이 자리하는데, 커다란 연못 주변에 작은 산과 골짜기를 만들어 산책할 수 있게 조성한 회유식 정원이다. 한 바퀴 돌면서 그때마다 달라지는 경치를 구경하자. 정문을 들어서서 왼쪽으로 걸었을 때 나타나는 히라이호飛来峰 동산에는 정원의 전경을 볼 수 있도록 자그마한 전망대를 설치해두었다. 이곳에서 바라보는 모습이 대표적인 풍경이다.

📍 香川県高松市栗林町1-20-16 ¥ 일반 ¥410, 초·중학생 ¥170, 미취학 아동 무료
🕐 12~1월 07:00~17:00, 2월 07:00~17:30, 3월 06:30~18:00, 4~5월 05:30~18:30, 6~8월 05:30~19:00, 9월 05:30~16:30, 10월 06:00~17:30, 11월 06:30~17:00 ✖ 연중무휴 📞 087-833-7411 🏠 www.my-kagawa.jp/ritsuringarden
🌐 34.329766, 134.045797

코토히라궁 金刀比羅宮 ◀) 코토히라구

일생일대의 참배 여행

사누키さぬき(타카마츠가 있는 카가와香川현의 옛 이름)의 콘피라상こんぴらさん이라는 애칭으로 불리는 신사. 콘피라상은 바다의 수호신을 일컫는 말로, 말 그대로 바다의 신을 모시는 곳이다. 서민의 여행이 금지되었던 17세기부터 19세기 중반의 에도江戸 시대에도 사찰 참배는 허용되었다는데, 코토히라궁 참배 여행은 일생일대의 이벤트라 여길 만큼 인기가 높았다고 전해진다. 자신이 직접 가지 못할 때는 다른 사람이나 키우던 개를 대신 보낼 때도 있었으며, 참배 후 무사히 가족의 품으로 돌아가는 개들을 보고 '콘피라이누こんぴら狗'라 불렀다고 한다. 본궁까지 785개, 안쪽 신사까지 1,368개의 계단을 올라야 하니 어느 정도 각오는 하고 오르자.

📍 香川県仲多度郡琴平町892-1 ¥ 무료 🕐 24시간 📞 087-775-2121
🏠 www.konpira.or.jp 📍 34.184002, 133.809544

콘피라이누

야시마 산정 屋島山上 ◀) 야시마산조오

마음이 탁 트이는 바다 조망

야시마지

타카마츠 시내와 세토우치瀬戸内 해역의 시원스러운 경치를 조망할 수 있는 명소. 산 정상에는 7개의 전망대가 있는데, 이 가운데 '사자의 영암獅子の霊巌'이라 불리는 전망대에서 바라보는 풍경이 가장 아름답다고 알려져 있다. 사자의 영암은 전망대가 있는 절벽의 바위가 바다를 향해 짖는 사자의 모습과 닮았다 하여 붙여졌다. 산정에 자리한 너구리를 모시는 절 '야시마지屋島寺'도 함께 둘러보면 좋다.

📍 香川県高松市屋島山上 📍 34.358110, 134.098625
🔍 Yashima sanjo

THEME
02

우동현을 여행하는 두 번째 방법
우동 학교에 입학했습니다

나카노 우동 학교中野うどん学校는 손으로 쳐서 면을 만드는 카가와현의 전통 우동 '사누키 우동讚岐うどん' 만드는 법을 직접 배워볼 수 있는 곳이다. 타카마츠 시내와 시내 남부 코토히라琴平校에 각각 학교를 운영 중이니 일정과 동선을 고려해서 선택하면 된다. 단, 코토히라는 유명 명소 코토히라궁 p.269 부근에 있으므로 관광을 동시에 즐기기에는 이곳이 좋다. 40~50분간 진행되는 수업은 우동의 기초부터 면 완성까지 알차게 구성되어 있다. 일본어를 모르더라도 강사가 친절하게 알려주므로 걱정할 필요 없다. 자신이 직접 만든 우동면과 우동면 반죽, 우동 만드는 비법이 담긴 걸개를 기념품으로 증정한다. 원한다면 수업이 끝난 후 자신이 만든 면으로 직접 요리해 먹을 수 있는 시간도 마련되어 있다.

📍 코토히라 香川県仲多度郡琴平町796 ¥ ¥1,600(세금 제외), 수업 후 요리는 추가 요금 있음(삼각 김밥과 토핑 ¥200~700, 세금 제외) ⏰ 08:30~18:00 (사전예약제) ❌ 홈페이지 참조 📞 0877-75-0001 🏠 www.nakanoya. net 🌐 34.187039, 133.818115 📍 나카노 우동 학교 코토히라, 오이리요코쵸우(바로 옆 건물)

1 우동의 기초부터 배워보아요!

2 밀가루에 적당량의 물 첨가!

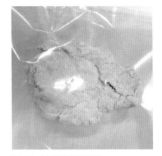

3 있는 힘껏 주물럭주물럭~

4 반죽을 비닐에 넣고 체중을 실어 밟아요.

5 반죽 완성!

6 반죽을 납작하게 만들고 밀가루를 묻혀요.

7 나무 봉을 이용해 반죽을 평평하게 펴요.

8 펼쳐진 반죽을 적당히 접고~

9 면 굵기 샘플을 참고해 정성스레 잘라요.

10 굵기를 수시로 확인해가면서!

11 면을 모두 자른 후 펼쳐줘요.

12 나누어준 비닐에 육수와 함께 넣어서 밀봉하면 완성!

코토덴 ことでん ◀) 코토덴

우동 학교로 안내하는 귀여운 전차

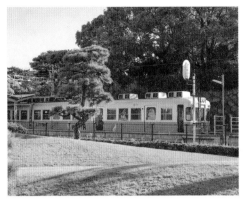

정식 명칭은 타카마츠 코토히라 전기 철도高松琴平電気鉄道. JR 전철 타카마츠역, 페리 터미널인 타카마츠항高松港과 인접한 타카마츠치코高松築港역을 시작으로 타카마츠의 번화가인 카와라마치瓦町, 타카마츠의 대표적인 관광 명소 리츠린 공원栗林公園 등을 지나 종점이자 우동 학교가 위치한 코토덴코토히라琴電琴平역에 도착한다. 기점에서 종점까지는 약 1시간이 소요된다.

📍 香川県高松市寿町21-5-20(출발지인 타카마츠치코역) ¥ 일반 ¥190~, 어린이 ¥100~ ⏱ 06:00~22:30(타카마츠치코역 기준) ❌ 연중무휴 📞 087-831-6008 🏠 www.kotoden.co.jp 🌐 34.350773, 134.049456 🔎 다카마쯔칫코역

미나미 커피점 南珈琲店 ◀) 미나미코오히텐

등굣길에 모닝커피 한잔

타카마츠의 번화가 카와라마치에 자리한 오래된 커피 전문점. 1975년 문을 연 이래 타카마츠 시민들의 뜨거운 지지를 받으며 굳건하게 영업을 이어나가고 있다. 오전 7시부터 11시 사이에 방문해 커피를 주문하면 뜨끈뜨끈한 토스트를 무료로 제공한다. 이 구성의 가격이 겨우 300~400엔대.

📍 香川県高松市南新町3-4 ¥ 커피 ¥300~ ⏱ 07:00~20:00 ❌ 부정기 📞 087-834-2065 🌐 34.340867, 134.049222

붓쇼잔 온천 仏生山温泉 ◀) 붓쇼잔온센

하굣길엔 온천으로 피로 풀기

코토덴ことでん 붓쇼잔仏生山역에서 도보 8분 거리에 멋스러운 분위기의 온천이 있으니 우동 학교 수업을 들은 다음 하굣길에 들러보는 건 어떨까. 내부 온탕과 노천탕으로 이루어져 있으며, 미인탕이라 불리는 알칼리성 온천수라 미끈미끈한 감촉을 느낄 수 있다. 신경통, 관절통에도 효능이 좋다.

📍 香川県高松市仏生山町乙114-5 ¥ 중학생 이상 ¥700, 3세 이상 ¥350 ⏱ 월~금요일 11:00~24:00, 토·일·공휴일 09:00~24:00(마지막 입장 23:00) ❌ 넷째 주 화요일 📞 087-889-7750 🏠 www.busshozan.com 🌐 34.281809, 134.049251

이제 남은 것은 맛보는 일
사누키 우동 한 그릇요!

手打ちうどん
鶴 丸

우동현うどん県이라는 애칭으로 불리는 카가와香川현은
우동집이 800여 곳에 이를 만큼 우동 사랑이 대단한 지역이다.
이 지역의 오리지널 우동인 사누키 우동讃岐うどん은
탱글탱글하고 탄력 있는 쫄깃한 면발이 최고 무기로,
육수가 넉넉한 카케かけ우동과 진한 육수를 그대로 붓는
붓카케ぶっかけ우동 등 만드는 방식도 다양하다.
우동만 먹으러 다니는 여행자가 많아 어느 곳이든 번창한 편이다.

手打 うどん
鶴 丸

츠루마루

버터 향 그윽한 우동
우동 바카이치다이 手打十段 うどんバカ一代 🔊우동바카이치다이

갓 삶은 두꺼운 우동면에 버터, 날달걀, 후추를 섞어 먹는 이 집만의 방식이 화제가 되며 새벽부터 기다란 대기 행렬을 이룬다. 맛은 고소하고 부드러운 카르보나라 파스타와 비슷하다. 주문 방식도 간단하다. 우선 쟁반을 들고 줄을 선 다음 차례가 되면 직원에게 메뉴명을 말하고, 계산대 옆에 진열된 튀김이나 삼각 김밥을 원하는 만큼 집어서 계산하면 된다.

📍香川県高松市多賀町1-6-7 ✖️카마버터 우동釜バターうどん 소 ¥490, 중 ¥610, 대 ¥770 🕐06:00~18:00 ❌1월 1일 📞087-862-4705 🏠www.udonbakaichidai.co.jp 🌐34.336798, 134.058510

닭튀김과 우동의 만남
후게츠 手打うどん 風月 🔊후우게츠

점심시간에만 운영하는 탓에 문을 열기 전에 가지 않으면 줄을 서야 하는 인기 우동집이다. 탱글탱글한 면발과 바삭한 닭튀김이 절묘한 조화를 이루는 우동이 인기. 튀김의 바삭함을 유지하기 위해 주문을 받은 뒤 튀기기 때문에 시간이 다소 걸린다. 윤기가 반지르르한 면을 후루룩 넘기면서 닭튀김을 곁들여 먹자. 오후 1시 이후에는 비교적 덜 붐비나 재료가 소진되면 바로 문을 닫는다.

📍香川県高松市紺屋町4-13 ✖️카시와텐자루 우동かしわ天ざるうどん ¥900 🕐11:15~14:00 ❌일·공휴일 📞090-5716-4445 🏠www.ameblo.jp/udonfugetu 🌐34.344914, 134.047467 🔎Fugetsu Takamatsu

야밤에 즐기는 카레 우동
츠루마루 手打ちうどん 鶴丸 🔊츠루마루

밤에만 문을 여는 우동 전문점. 일본에선 술을 마신 후 마무리로 라멘을 먹는 문화기 있는데, 카가와현에서는 우동이 그 라멘 역할을 한다. 이곳이 심야 영업을 고집하는 이유도 그래서다. 카가와현 우동의 자부심인 사누키 우동은 물론 다양한 종류의 우동이 있지만, 이 집이 유명해진 이유는 카레 우동. 잔멸치 육수를 오래 끓인 국물은 걸쭉하면서도 면과 궁합이 좋다.

📍香川県高松市古馬場町9-34 ✖️카레 우동カレーうどん ¥800 🕐20:00~03:00 ❌일·공휴일 📞087-821-3780 🏠teuchiudon-tsurumaru.com 🌐34.342417, 134.052345

예술에 둘러싸인 섬마을
나오시마·테시마·쇼도시마
直島·豊島·小豆島

연중 따뜻한 햇살이 내리쬐는 온화한 날씨, 바다 위에 둥둥 떠 있는 1,000여 개의 섬, 섬마을을 빛내는 예술 작품과 그 속에서 살아가는 사람들. 동화 속 한 장면을 묘사한 것 같은 이 모습은 카가와현에 속한 몇몇 섬에서 실제로 볼 수 있는 풍경이다. 더욱 놀라운 사실은 섬 전체가 통째로 미술관역할을 하고, 예술가의 작품이 자연경관과 주민들의 생활 속에 잔잔히 녹아들어 있다는 점이다. 예술을 마음껏 느낄 수 있는 황홀한 무대가 마련되어 있으니 우리는 그저 즐기기만 하면 된다.

나오시마·테시마·쇼도시마

베스트 시즌
사계절 언제나

관광안내소

나오시마
- **주소** 香川県香川郡直島町宮ノ浦2249-40
- **시간** 09:00~21:00 · **휴무** 연중무휴

테시마
- **주소** 香川県小豆郡土庄町豊島家浦3841-21
- **시간** 09:00~18:00 · **휴무** 월·화요일

쇼도시마
- **주소** 香川県小豆郡土庄町甲6194-10
- **시간** 09:00~17:00 · **휴무** 연중무휴

찾아가기

Access
- **인천 국제공항**
  - 직항 ⓣ 1시간 40분
- **타카마츠高松 공항**
  - 공항버스 ⓣ 40분
- **JR 전철 타카마츠高松역**

Train
JR 전철 타카마츠高松역

Ferry
타카마츠高松항

나오시마·테시마·쇼도시마
상세지도

카가와현의 섬들은 어떻게 이동할까

타카마츠에서 각 섬으로 가는 직행 페리를 운행하고 있으며, 나오시마-테시마, 테시마-쇼도시마 간 페리도 있어 당일치기로 둘러보는 것도 가능하다. 각 섬 도착 후 이동 방법은 섬마다 다르므로 지역별 첫 페이지의 팁을 참조하자.

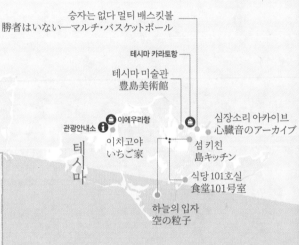

승자는 없다 멀티 배스킷볼
勝者はいない──マルチ・バスケットボール

테시마 카라토항

테시마 미술관
豊島美術館

심장소리 아카이브
心臓音のアーカイブ

이에우라항

관광안내소

이치고야
いちご家

테시마

섬 키친
島キッチン

식당 101호실
食堂101号室

하늘의 입자
空の粒子

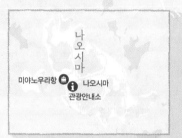

나오시마

미야노우라항 나오시마
관광안내소

● AREA 01. 나오시마

● AREA 02. 테시마

● AREA 03. 쇼도시마

타카마츠항

타카마츠 공항

쇼
도
시
마

토노쇼항
관광안내소
쇼도시마
올리브 버스

올리브 기념관
オリーブ記念館

쇼도시마 올리브 공원
小豆島オリーブ公園

엔젤로드
エンジェルロード

이케다항

쿠사카베항

라 모브
カフェラ・モーヴ

코요미
暦

24개의 눈동자 영화 마을
二十四の瞳映画村

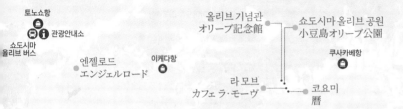

나오시마섬 확대

집 프로젝트: 킨자
きんざ

아이스나오
玄米心食あいすなお

집 프로젝트: 고카이쇼
碁会所

혼무라 라운지&아카이브 Honmura Lounge&Archive

집 프로젝트: 이시바시
石橋

집 프로젝트: 카도야
角屋

아이러브유
直島銭湯「I♥湯」

집 프로젝트: 하이샤
はいしゃ

혼무라항

집 프로젝트: 고오신사
護王神社

미야노우라항

나카오쿠
中奥

빨간 호박
赤かぼちゃ

나오시마 파빌리온
直島パヴィリオン

안도 뮤지엄
ANDO MUSEUM

집 프로젝트: 미나미데라
南寺

치추 미술관
地中美術館

이우환 미술관
李禹煥美術館

노란 호박
南瓜

베네세 하우스 뮤지엄
ベネッセハウス ミュージアム

AREA 01

거대한 호박이 맞이하는 예술 섬
나오시마 直島

크고 작은 섬 27개가 모여 하나의 행정구역을 이루는 나오시마 제도 중심에 자리한 나오시마는 섬마을을 예술 공간으로 활용한 1호 섬이다. 현대 미술과 현대 건축의 성지라 불리는 곳답게 전 세계에서 예술을 탐하고자 하는 사람들의 방문이 365일 줄을 잇고 있다. 거장들의 혼이 담긴 위대한 작품을 작은 섬에서 발견하는 쾌감은 말로는 설명하기 어렵다.

Access
나오시마

ⓞ (타카마츠) 타카마츠高松항
- ❶ 페리 ⏱ 50분 ¥ 편도 일반 ¥520, 어린이 ¥260/ 왕복 일반 ¥990, 어린이 ¥520
- ❷ 고속 여객선 ⏱ 30분 ¥ 편도 일반 ¥1,220, 어린이 ¥610

ⓞ (나오시마) 미야노우라宮浦항

TIP **나오시마에선 미니 버스를**
미야노우라항에서 출발해 집 프로젝트를 거쳐 베네세 하우스까지 운행하는 미니 버스를 이용하면 나오시마에서 편리하게 이동할 수 있다. 베네세 하우스의 미술관들을 오가는 무료 셔틀버스도 있으므로 두 버스를 적절히 이용하면 훨씬 편하게 오갈 수 있다.

¥ 중학생 이상 ¥100, 5세~초등학생 ¥50, 4세 이하 무료

나오시마를 즐기는 방법
숨은 쿠사마 야요이 찾기

나오시마에 발을 내딛자마자 반기는 빨간 호박부터 나오시마를 달리는 미니 버스, 주차 금지를 알리는 안전 꼬깔, 해변에 덩그러니 놓인 노란 호박 그리고 나오시마로 향하는 페리까지. 일본의 대표 설치 미술가 '쿠사마 야요이草間彌生'의 흔적을 찾아 섬 여기저기를 떠도는 것도 나오시마를 즐기는 방법 중 하나다. 미야우라항에 페리가 닿는 순간 창을 통해 보이는 빨간 호박은 태양의 빨간빛을 찾아 우주 끝까지 가다 결국 나오시마 바닷속에서 빨간 호박으로 변한 미술가 자신을 표현한 것이라고. 이 외에도 그의 시그니처인 물방울을 주변 풍경과 절묘하게 어우러지는 디자인으로 차용해 다양한 설비에 사용하고 있다.

빨간 호박赤かぼちゃ
📍 香川県香川郡直島町宮浦2249-49
📡 34.455994, 133.973790

노란 호박南瓜
📍 香川県香川郡直島町
📡 34.446365, 133.995642

하이샤

집의 새로운 변신
집 프로젝트 家プロジェクト 🔊 이에프로젝쿠토

나오시마 동부 혼무라本村 지구에서 진행된 예술 프로젝트.
누군가의 시간과 추억이 서린 공간, 누군가의 소박한 염원
이 담겼던 신사 등 현재는 존재 이유를 상실한 7채의 빈 집
을 개조해 새 생명을 불어넣었다. 지금도 집 주변에 현지인이
거주하고 있으니 바로 옆에 예술 작품이 찰싹 붙어 전시되는
것과 마찬가지다. 나오시마가 아니고선 좀처럼 볼 수 없는 풍
경이다. 주택가를 산책하는 기분으로 예술 작품을 찾아가고,
또 우연처럼 마주하고 감상에 빠져버리는 것 또한 나오시마
에서나 느낄 수 있는 재미다. 일단 섬으로 가서 새로운 예술
을 경험해보자. 단, 섬 주민들의 사생활을 존중하고 그들에
게 최대한 예의를 갖출 것.

📍 香川県香川郡直島町850-2 ¥ 킨자를 제외한 공통 입장권
¥1,050, 킨자 ¥520, 15세 이하 무료(혼무라 라운지&아카이브에서
구매 가능) 🕙 10:00~16:30(미나미데라 마지막 입장 16:15)
❌ 월요일(공휴일이면 다음 날) 📞 0878-92-3223
🏠 benesse-artsite.jp/art/arthouse.html

하이샤

집 프로젝트 건물 7채

- **카도야**角屋 뮤지엄으로 탈바꿈한 200년 된 집.
- **미나미데라**南寺 제임스 터렐의 작품을 전시하기 위해 안도 타다오가 설계한 갤러리.
- **킨자**きんざ 100여 년 전에 지은 집을 예술 작품으로 재탄생시킨 곳으로, 한 번에 한 사람씩만 관람할 수 있다. 예약 필수.
- **고오 신사**護王神社 에도 시대에 지은 신사의 화려한 변신.
- **이시바시**石橋 메이지 시대에 제염업으로 부를 축적한 이시바시 가문의 집을 개조한 갤러리.
- **고카이쇼**碁会所 과거 나오시마 주민들의 놀이 장소로 동백을 이용한 전시가 열린다.
- **하이샤**はいしゃ 아트 하우스로 탈바꿈한 치과 건물.

고오 신사

고오 신사

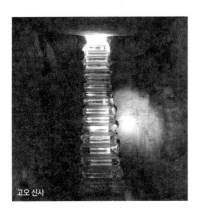

고오 신사

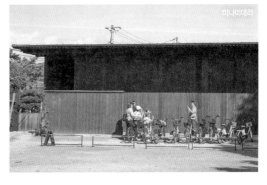

미나미데라

TIP 나오시마 아트 여행의 맵

나오시마 아트 여행을 꿈꾸고 있다면 베네세 아트 사이트 나오시마 홈페이지(www.benesse-artsite.jp)를 먼저 방문하자. 나오시마, 테시마 등 카가와현의 주요 아트 스폿을 소개한다. 일본어, 영어 서비스만 제공.

치추 미술관 地中美術館 ◀))치추우비주츠칸

지하에서 즐기는 예술

자연과 인간을 생각하는 장소로 설립한 미술관. 인근의 아름다운 바다 경관을 해치지 않기 위해 건물 대부분을 지하에 건축했다. 클로드 모네의 '수련'을 비롯해 제임스 터렐, 월터 드 마리아 등의 작품에 맞춰 설계한 안도 타다오의 구상이 돋보인다. 지하에 자리하면서도 날씨에 따른 자연광과 계절에 따라 달라지는 주변 환경을 흡수해 공간의 표정이 바뀌는 점이 특징이다.

📍 香川県香川郡直島町3449-1 ¥ 일반 ¥2,100, 15세 이하 무료 🕐 3~9월 10:00~18:00(마지막 입장 17:00), 10~2월 10:00~17:00(마지막 입장 16:00) ✖ 월요일(공휴일이면 다음 날) 📞 0878-92-3755 🎯 34.450074, 133.985923

이우환 미술관 李禹煥美術館 ◀))리우환비주츠칸

일본에서 이우환을 만나다

한국 현대 미술의 거장 이우환과 일본을 대표하는 건축가 안도 타다오의 협업으로 탄생한 미술관. 반지하 구조의 건물 내부에는 작가가 1970년대부터 현재에 이르기까지 제작한 회화, 조각 등의 작품이 전시되어 있다. 산과 바다에 둘러싸인 미술관은 자연과 건축, 작품이 호응하면서 조용히 사색하는 시간을 제공한다.

📍 香川県香川郡直島町字倉浦1390 ¥ 일반 ¥1,050, 15세 이하 무료 🕐 3~9월 10:00~18:00(마지막 입장 17:30), 10~2월 10:00~17:00(마지막 입장 16:30) ✖ 월요일(공휴일이면 다음 날) 📞 0878-92-3754 🎯 34.448528, 133.989117

베네세 하우스 뮤지엄 ベネッセハウス ミュージアム ◀» 베넷세하우스뮤우지아무

자연과 예술의 절묘한 조화

바다를 조망하는 고지대에 자리한 자연, 과학, 예술의 공생을 테마로 한 시설. 건축가 안도 타다오가 설계한 건물 내부는 현대 미술관과 리조트 호텔로 이루어져 있다. 예술가가 직접 고른 장소에 작품이 전시되어 있기 때문에, 건물 주변 해안선과 숲을 따라 거닐다 우연히 예술 작품을 마주하는 즐거움도 이곳의 재미 중 하나다.

◉ 香川県香川郡直島町琴弾地 ￥ 일반 ¥1,300 15세 이하 무료 ◷ 08:00~21:00(마지막 입장 20:00) ✖ 연중무휴 ✆ 0878-92-3223 ◈ 34.445231, 133.990852

안도 뮤지엄 ANDO MUSEUM ◀» 안도오뮤우지아무

대비의 아름다움

100년 된 목조 가옥 안에 콘크리트 벽을 세우면서 새로운 공간으로 탈바꿈했다. 박물관 이름에서 알 수 있듯 설계자는 안도 타다오. 과거와 현재, 나무와 콘크리트, 빛과 어둠 등 대립 요소가 거듭되는 그의 건축 요소가 응축되어 있다. 안도 타다오의 활동과 나오시마의 역사를 담은 사진, 모형, 스케치를 전시하고 있다.

◉ 香川県香川郡直島町本村736-2 ￥ 일반 ¥520, 15세 이하 무료 ◷ 10:00~13:00, 14:00~16:30(마지막 입장 16:00) ✖ 월요일(공휴일이면 다음 날) ✆ 0878-92-3754 ◈ 34.459384, 133.997021

힙한 예술 목욕탕
아이러브유 地直島銭湯「I♥湯」
🔊 아이라브유

일본식 목욕탕 센토銭湯가 미술 시설로 변신했다. 나오시마 도민의 활력소이자 외부에서 방문한 여행자와 교류하는 장으로 활용할 목적으로 만들었다. 외관의 세세한 인테리어부터 욕조와 타일까지 일본의 현대 미술가 오타케 신로大竹伸朗의 손을 거치지 않은 부분이 없다. 외관 못지않게 화려한 내부에서 심신의 피로를 풀어보는 것도 좋은 추억이 될 것이다.

📍 香川県香川郡直島町2252-2
¥ 일반 ¥660, 3~15세 ¥310, 3세 미만 무료
🕐 13:00~21:00(마지막 입장 20:30)
❌ 월요일(공휴일이면 다음 날)
📞 0878-92-2626
📍 34.458093, 133.975146
🔍 I Love Yu

나오시마의 28번째 섬
나오시마 파빌리온 直島パヴィリオン
🔊 나오시마파비리온

나오시마가 하나의 마을로 인정받은 지 60년이 된 것을 기념해 제작한 예술 작품. 나오시마 주변에 있는 27개의 섬에 이은 28번째 섬이라는 콘셉트로 만들었다. 250여 장의 스테인리스 망으로 만든 파빌리온 내부로 들어갈 수 있으며, 멀리서 바라보면 파빌리온 안에 있는 사람이 둥둥 떠 있는 것처럼 보이는 착시 현상도 재미있다.

📍 香川県香川郡直島町
🎯 34.455860, 133.975416

나오시마항 터미널 直島港ターミナル 🔊 나오시마코오타아미나루　　　　구름 같은 대합실

나오시마에선 여객선을 기다리는 대합실마저 예술 작품이 된다. 직경 4m 크기의 유리 섬유 강화플라스틱 공 13개를 쌓아 올린 반투명 건물에는 자전거 주차장과 화장실까지 마련되어 있다. 낮에는 햇빛에 투영된 공간으로, 밤에는 조명을 비추어 환상적인 공간을 만들어낸다. 중심 항구인 미야노우라항 반대편 혼무라本村항에 있다.

📍 香川県香川郡直島町宮ノ浦843
🎯 34.461586, 133.998138

아이스나오 玄米心食あいすなお 🔊 아이스나오   건강한 한 끼 식사

유기농 효모 현미로 지은 쫀득한 밥을 중심으로 한 정식을 제공한다. 고기와 생선은 일절 사용하지 않고 오로지 채소로만 차려낸 '아이스나오 세트'가 점심의 주메뉴다. 두부, 고구마, 연근 등을 조리해서 만드는데, 채식주의자가 아니더라도 맛있게 먹을 수 있다. 특제 디저트 역시 달걀과 유제품을 사용하지 않은 건강한 맛을 지향한다.

📍 香川県香川郡直島町宮ノ浦761-1
¥ 아이스나오 세트あいすなおセット ¥1,000
🕐 11:30~14:00 ❌ 월요일(공휴일이면 영업)
📞 0878-92-3830 🏠 www.aisunao.jp
📍 34.460358, 133.996444

나카오쿠 中奥 🔊 나카오쿠   입 안이 부드러운 시간

옛 전통 가옥을 개조한 분위기 좋은 음식점. 점심에는 밥집으로 운영하다 저녁에는 주류와 안줏거리를 제공하는 바로 변신한다. 간판 메뉴는 이탈리아산 유기농 토마토로 만든 오리지널 소스가 일품인 오므라이스. 말랑하고 폭신한 식감과 함께 맛있는 한 끼를 즐길 수 있다. 아침에 만든 수제 케이크와 주인장이 정성스럽게 내린 드립 커피도 인기다.

📍 香川県香川郡直島町本村字中奥1167
¥ 오므라이스オムライス ¥880, 치즈케이크 チーズケーキ ¥400, 음료 ¥400~
🕐 11:30~15:00(마지막 주문 14:40), 17:30~21:00(마지막 주문 20:30)
❌ 월·화요일 📞 0878-92-3887
🏠 cafesalon-naka-oku.jimdofree.com
📍 34.457911, 133.995209

자연과 함께 즐기는 예술 섬
테시마 豊島

총면적 14.5㎢, 인구 800명에 불과한 자그마한 섬. 자전거를 타고 섬을 한 바퀴 쓱 돌아보면 눈에 보이는 건 계단식 논밭에서 자라나는 채소, 꽃, 과일 나무들뿐이지만, 어찌된 까닭인지 자연의 풍부함과 넉넉한 여유가 느껴진다. 여기서 더 나아가 웅장해 보이는 대자연 속에 현대 미술 작품들까지 감춰져 있어 신비한 분위기도 자아낸다. 자연과 예술이 조화를 이루는 섬이란 테시마를 두고 한 말이지 싶다.

Access
테시마

- **(나오시마) 미야노우라宮浦항**
  - 고속 여객선 ⓘ 22분
  - ¥ 편도 일반 ¥630, 어린이 ¥320
- **(테시마) 이에우라家浦항**

- **(타카마츠) 타카마츠高松항**
  - 페리 ⓘ 35분
  - ¥ 편도 일반 ¥1,350, 어린이 ¥680
- **(테시마) 이에우라家浦항**

TIP 테시마에선 전동 자전거를

테시마의 관문인 이에우라항 선착장 인근 자전거 대여점에서 빌릴 수 있다. 순환도로를 중심으로 돌면 약 1시간 30분 만에 일주가 가능하다. 단, 테시마 도로는 신호가 없기 때문에 주변을 잘 살피면서 움직여야 한다.

¥ 4시간 ¥1,000, 추가 1시간마다 ¥100

豊 島
Teshima
浦港
ura Port

테시마 미술관 豊島美術館 🔊 테시마비주츠칸

자연으로 완성되는 미술관

바다가 보이는 작은 언덕에 자리한 미술관. 기둥 하나 없는 물방울 모양의 새하얀 콘크리트 건물이 푸른 들판 위에 덩그러니 서 있어 하나의 작품을 보는 것 같다. 건물에 다가갈수록 눈에 띄는 건 천장에 난 구멍 2개다. 의도적으로 뚫은 구멍을 통해 주변의 바람, 소리, 빛을 내부로 끌어들여 자연과 건물이 호흡하는 공간을 창조했다. 때로는 비와 눈이 내리고 새와 벌레가 찾아오기도 하는 변화의 흐름이 그대로 반영된다. 계절과 시간의 변화에 따라 달리 보이는 풍경의 무한한 표정을 몸소 표현한 것이다. 내부는 아무것도 없는 텅 빈 공간이지만 자세히 보면 바닥에 잔잔한 샘이 흐른다. 마르지 않는 샘물이 끊임없이 솟아나오면서 건물도 자연의 일부분임을 나타내고 있다. 내부 촬영을 금해서일까, 미술관 속 관람객들은 디지털과 단절된 채 그저 자연과 건물의 조화만 느끼는 모습이다. 이 아름다움을 사진으로 담아내지 못해 아쉬움은 남지만 이곳을 음미하기엔 탁월한 조치인 듯싶다.

📍 香川県小豆郡土庄町豊島唐櫃607 ¥ 일반 ¥1,570, 15세 이하 무료(완전 예약제) 🕐 3~10월 10:00~17:00(마지막 입장 16:30), 11~2월 10:00~16:00(마지막 입장 15:30) ❌ 3~10월 화요일, 11~2월 화~목요일(공휴일이면 다음 날 휴관, 월요일이 공휴일이면 수요일 휴관)
📞 0879-68-3555 🏠 benesse-artsite.jp/art/teshima-artmuseum.html
🎯 34.489695, 134.091256

TIP 미술관 관람 후 휴식은 여기서

미술관 뒤에 있는 작은 건물은 공간을 디자인
한 건축가들이 꾸민 카페 겸 기념품점이다. 미술
관과 마찬가지로 좌석 부근에 작은 구멍을 뚫어
자연광이 스며들도록 설계했다.

테시마를 멋지게 즐기는 방법
테시마의 야외 미술관 투어

섬에는 테시마 미술관 외에도 20여 개의 작은 미술관과 예술 작품이 곳곳에 흩어져 있다. 시간이 허락된다면 모든 곳을 둘러보아도 좋을 만큼 감동적인 작품이 즐비하다. 이 가운데 자전거로 들르기 쉬운 4곳을 소개한다.

추천 예술 작품&미술관 4

1 하늘의 입자 空の粒子 ◀》소라노류우시

원형 철 조각을 이어 붙여 하늘에 입자가 붕붕 떠도는 모양을 표현한 작품. 저수 탱크를 감싸듯 놓여 있으며, 바로 옆에는 작은 용수로가 흐른다. 시냇물 소리와 함께 작품을 오감으로 느끼고 마을 주민들이 잠시 들러 친목 도모가 이루어지도록 일부러 주택가 사이에 설치해두었다.

📍 香川県小豆郡土庄町豊島唐櫃 🕭 34.485800, 134.085439
🔍 Particles in the Air

2 섬 키친 島キッチン ◀)) 시마킷친

기다란 나무 지붕으로 둘러싸인 전통 가옥은 음
식점으로도 이용되고 있는 예술 작품. 예술과 음
식으로 사람과 사람을 연결하고자 만들었다. 지
붕 아래 나무 의자에 앉아 가만히 휴식을 취하
고, 영업하는 날 방문했다면 생선 요리를 즐겨보
자. 생선 요리 외에 섬 주민과 고급 호텔 출신 셰
프가 힘을 합쳐 만든 오리지널 메뉴도 선보인다.

📍 香川県小豆郡土庄町豊島唐櫃1061 🕐 24시간(음
식점은 토~월요일 11:00~16:00 운영, 화요일 휴무)
🌐 34.484798, 134.086799 📍 Shima Kitchen

3 심장소리 아카이브 心臓音のアーカイブ ◀)) 신조오온노아카이브

프랑스의 현대 미술을 대표하는 공간 미술가 크리스티
앙 볼탕스키|Christian Boltanski가 2008년부터 지금까지 수
집한 전 세계 사람들의 심장소리를 영구 보존하며 그 소
리를 들을 수 있도록 마련한 작은 미술관이다. 데이터화
해서 컴퓨터에 보관한 심장소리를 골라 들을 수 있는 보
관소, 심장 고동 소리에 맞춰 전구가 점등하는 어둠의 공
간으로 이루어져 있다. 자신의 심장소리를 녹음해 등록
할 수도 있다.

📍 香川県小豆郡土庄町豊島唐櫃2801-1 💴 입장료 일반
¥520, 15세 이하 무료, 심장소리 등록 및 CD 녹음 ¥1,570
🕐 3~10월 10:00~17:00 11~2월 10:00~16:00 ❌ 3~10월
화요일, 11~2월 화~목요일(공휴일이면 다음 날 휴관, 월요일
이 공휴일이면 수요일 휴관) 📞 0879-68-3555 🏠 benesse-
artsite.jp/art/boltanski.html 🌐 34.487884, 134.103112
📍 Shinzouonno Akaibu Teshima

4 승자는 없다 멀티 바스킷볼 勝者はいない-マルチ・バスケットボール ◀)) 쇼오샤와이나이

동네 주민들이 언제든 즐길 수 있도록 설치한 농
구대. 그런데 우리가 알고 있는 것과 달리 골대
가 하나가 아닌 여러 개다. 높은 곳에 내걸린 단
하나의 골대를 향해 힘겹게 넣기보단 누구나 성
공할 수 있도록 위치와 높이를 달리한 것. 승자
의 유무는 중요하지 않으니 그저 순수하게 운동
을 즐기라는 작가의 의도가 아닐까.

📍 香川県小豆郡土庄町豊島唐櫃2614 💴 무료
🕐 24시간 🌐 34.489167, 134.098142
📍 No one wins-Multibasket

테시마를 사랑스럽게 즐기는 방법
섬을 지키는 길고양이 찾기

일본 각지에 고양이 천지인 '고양이 섬猫島'이 있을 만큼 일본인의 고양이 사랑은 유난하다. 한국인 여행자에게도 잘 알려진 후쿠오카의 아이노시마相島를 비롯해 에히메, 오카야마, 시가, 야마구치 등 다양한 지역에 고양이 섬이 있다. 테시마도 고양이 섬 대열에서 빠지지 않는 곳이다. 인구 800명의 작은 섬인 데 반해 고양이 수가 무려 200마리가 넘기 때문. 고양이들은 매일 항구 주변을 어슬렁거리며 우아하게 거리 산책을 즐긴다. 덕분에 섬에 닿는 순간부터 어렵지 않게 그들을 만날 수 있다. 여행자의 시선에도 아랑곳하지 않고 유유히 자기 길을 가는 모습이 사랑스럽기 그지없다. 귀염둥이들을 뒤로하고 길을 떠나기란 쉽지 않은 일이지만 다시 돌아와도 반겨줄 거란 작은 기대감을 품고 발걸음을 옮겨본다. 테시마 여행의 처음과 끝은 고양이가 장식해주길 기대하며.

제철에 즐기는 섬의 맛
식당 101호실 食堂101号室 🔊 쇼쿠도오이치마루이치고오시츠

테시마섬에서 수확한 신선한 제철 채소를 중심으로 정갈한 한 끼 식사를 제공하는 음식점. 가게는 야외에 전시된 예술 작품 몇 점과 그리 멀지 않은 고요한 주택가 사이에 있는 전통 가옥으로, 내밀한 누군가의 집을 방문하는 듯한 기분이 든다. 4~5가지 반찬이 한 접시에 담겨 나오는 플레이트 메뉴가 점심의 메인. 유기농 재료를 사용한 디저트와 음료도 선보인다.

📍香川県小豆郡土庄町豊島唐櫃1053　💴점심 메뉴 ¥1,320~　🕐11:30~16:00, 18:00~21:00　🏠화·목요일　🏠shokudou101.life　🧭34.484620, 134.086727　🔎Shokudou 101

이치고야 いちご家 🔊 이치고야　　　　　　　　　　　　딸기가 좋아

직접 재배한 딸기로 만든 디저트를 맛볼 수 있는 가게. 아이스크림, 빙수, 파르페, 크레이프, 주스, 스무디, 케이크 등 놀라우리만치 다양한 메뉴를 선보인다. 딸기는 물론 메뉴에 사용한 소스, 시럽, 설탕 절임 등도 모두 수제로 만든 이곳만의 오리지널. 섬 일주를 마치고 타카마츠로 되돌아가기 전 목을 축이고 간단한 요기를 하기에 안성맞춤이다.

📍香川県小豆郡土庄町豊島家浦2133-2　💴디저트 메뉴 ¥480~
🕐12:00~17:00　🏠화요일　📞0879-68-2681
🏠www.teshima158.com/web　🧭34.488540, 134.062738
🔎Ichigoya Teshima

AREA 03

올리브 나무 자라는 예술 섬
쇼도시마 小豆島

예술 섬마을들이 속한 세토瀬戸내해에서 두 번째로 큰 섬으로 인근 연안의 요충지이자 어업과 조선업이 번성했던 쇼도시마. 이후 간장과 올리브 산지로 미약하게나마 존재감을 드러내다가 온건한 기후가 빚어낸 자연 경관과 그림 같은 분위기의 건물들이 입소문을 타면서 유명세를 얻었다. 행운의 상징이 된 '천사의 길', 지중해를 옮겨온 듯한 하얀 풍차, 레트로 감성을 자극하는 영화 촬영지 등 모든 것이 사랑스럽다.

Access

쇼도시마

○ **(타카마츠) 타카마츠高松항**

❶ 고속 여객선 ⏱35분 ¥편도 일반 ¥1,190, 어린이 ¥600/ 왕복 일반 ¥2,270, 어린이 ¥1,150

❷ 페리 ⏱60분 ¥편도 일반 ¥700, 어린이 ¥350

○ **(쇼도시마) 토노쇼土庄항**

○ **(테시마) 테시마카라토豊島唐櫃항**

페리 ⏱29분, 고속 여객선 ⏱20분 ¥페리&고속 여객선 ¥편도 일반 ¥490, 어린이 ¥250

○ **(쇼도시마) 토노쇼土庄항**

> **TIP** 쇼도시마에서는 올리브 버스를

쇼도시마 여행의 필수품은 쇼도시마 올리브 버스小豆島オリーブバス를 하루 동안 제한 없이 이용할 수 있는 자유 이용권. 이 책에 소개한 명소와 음식점은 모두 올리브 버스로 방문할 수 있다.

쇼도시마 자유 승차권 小豆島フリー乗車券
📍 버스 기사에게 직접 구매 또는 토노쇼土庄항 터미널 판매소에서 구매 가능. ¥1일권 일반 ¥1,000, 어린이 ¥500/ 2일권 일반 ¥1,500, 어린이 ¥750

엔젤로드 エンジェルロード 🔊 엔제루로오도

하루 두 번 나타나는 천사의 길

쇼도시마 남쪽에 자리한 자그마한 섬 4개는 얕은 모래사장이 연결고리 역할을 하며 가느다랗게 이어져 있지만 평소엔 만조로 인해 길이 보이지 않는다. 섬으로 향하는 길이 열리는 건 하루에 단 두 번, 바닷물이 빠진 후에야 서서히 바닥을 드러낸다. 때가 되면 모습을 감추는 신비스런 분위기 때문에 언제부턴가 이 길을 '천사의 길'이라 부르기 시작했다. 여기에 연인이 손을 잡고 이 길을 걸으면 행복이 찾아온다는 이야기까지 전해지자 소망을 염원하는 이들의 발길이 잦아졌고, 자연스레 쇼도시마의 상징적인 장소가 되었다. 엔젤로드로 향하는 길 주변에는 사랑을 기원하는 신사가 있으며, 곳곳에 염원의 글을 담은 현판과 조개껍데기 등이 걸려 있다.

📍 香川県小豆郡土庄町銀波浦 🕐 24시간 🏠 www.shodoshima-kh.jp/angel
📞 34.477093, 134.188550

TIP 엔젤로드와 만나는 시간

홈페이지에서 날짜를 입력하면 그날의 만조와 간조의 예상 시각을 알 수 있다. 간조 시각 전후 2시간이 물이 완전히 빠져 걷기 좋은 시간이다.

--- 함께 들르면 좋은 곳

사랑을 맹세할게요
약속의 언덕 約束の丘展望台

엔젤로드로 향하는 길목에 있는 전망대. 계단을 1분 정도만 걸어 올라가면 섬 사이로 드러난 엔젤로드가 눈앞에 펼쳐진다. '연인의 성지'라는 이름으로도 불리는데, 전망대 한쪽에는 울리면 사랑이 이루어진다는 종이 설치되어 있다. 엔젤로드와 약속의 언덕 주변 거리에 조성된 예술 작품도 눈여겨보자.

📍 香川県小豆郡土庄町銀波浦 🕐 24시간
📞 34.477927, 134.188978

쇼도시마 올리브 공원 小豆島オリーブ公園 ◀》쇼오도시마오리이브코오엔 언덕 위 올리브 밭

2,000여 그루의 올리브 나무가 펼쳐진 푸른 밭에 지은 아름다운 휴게소. 드라이브 코스로 인기인 해안도로 사이에 조성된 이곳은 쇼도시마의 낭만을 품은 최고의 관광지로 꼽힌다. 그리스 신화에서 신이 준 최고의 선물이라 평가했으며, 그리스를 중심으로 지중해 연안에서 오랜 기간 재배해온 올리브는 쇼도시마의 특산품이기도 하다. 그래서인지 공원의 전체적인 분위기도 그리스와 닮아 있다. 특히 아담한 언덕 위에 세운 하얀 풍차는 그리스의 산토리니를 연상시키는 대표적인 시설이다. 이곳은 미야자키 하야오의 애니메이션으로도 제작된 〈마녀 배달부 키키魔女の宅急便〉의 실사 영화를 촬영한 곳이기도 하다. 그 덕에 풍차 앞은 기념 촬영을 즐기는 관광객들로 북적인다. 이들은 영화 속 장면을 재연하듯 커다란 빗자루를 타고 폴짝 뛰어오르며 주인공 흉내 내기에 여념이 없다. 빗자루는 공원 내에 자리한 올리브 기념관 1층에서 무료로 대여해준다.

📍 香川県小豆郡小豆島町西村1941-1　¥ 무료　🕐 08:30~17:00　❌ 연중무휴
📞 0879-82-2200　🏠 www.olive-pk.jp　🌐 34.471491, 134.272526

올리브 기념관 オリーブ記念館 ◀» 오리이브키넨칸　잠깐 쉬어가요

올리브의 역사와 산업 그리고 올리브 오일의 특징 등을 소개하는
자료관이다. 내부에 음식점, 카페, 매점도 있다. 기념관 앞 광장 조
형물은 고대 그리스에서 시민들의 비밀투표로 뽑힌 위험 인물을
국외로 추방하는 '도편추방제'의 도편이다. 쇼도시마의 평화를 상
징하고자 세운 것. 기념관 인근 민트색 우체통도 주목하자. 올리
브 기념관 1층 매점에서 엽서와 우표를 판매하고 있으니 소중한
사람에게 나만의 러브레터를 보내보자.

¥ 무료　ⓢ 08:30~17:00　❌ 연중무휴

24개의 눈동자 영화 마을 二十四の瞳映画村 🔊 니쥬시노히토미에에가무라

바다로 둘러싸인 옛 일본의 풍경

쇼도시마를 무대로 한 소설이 원작인 동명 영화의 촬영지를 활용한 자그마한 테마파크. 마을명인 〈24개의 눈동자〉는 소설과 영화 제목에서 따온 것으로, 1950년대에 원작자 츠보이 사카에壺井栄의 고향인 쇼도시마에서 촬영했다. 영화 촬영 후 세트를 그대로 보존해 1920~1980년대 일본의 풍경을 엿볼 수 있는 복고풍 감성의 관광지로 재탄생했다. 제2차 세계 대전에서 패한 일본의 우울하고 어두웠던 과거를 다룬 내용과 달리 현재는 마치 밝은 과거로 돌아간 듯한 전통 가옥이 즐비하다. 옛 무성영화를 상영하는 영화관을 비롯해 전시관, 음식점, 기념품 가게, 카페 등이 들어서 있다. 옛 학교 풍경을 그대로 재현한 세트장, 소원을 비는 신사, 영화를 테마로 한 예술 벽화 등 기념 촬영을 즐기는 여행자가 좋아할 만한 요소도 군데군데 자리한다. 옛 일본의 풍경을 만끽하고 싶다면 적극 추천.

📍 香川県小豆郡小豆島町田浦甲931 💴 중학생 이상 ¥890, 초등학생 ¥450(홈페이지 쿠폰 제시하면 할인) 🕘 09:00~17:00 ❌ 12월 28~30일 📞 0879-82-2455 🏠 www.24hitomi.or.jp 🧭 34.445903, 134.285422

코요미 暦 ◀)) 코요미　　　　　　　　　소설에서 영감을 받은 정식

소설 〈24개의 눈동자〉에 묘사된 쇼도시마의 식문화와 풍습을 토대로 한 일본식 정식을 선보인다. 쇼도시마의 특산품인 간장, 소면, 참기름, 올리브를 듬뿍 사용한 창작 요리를 맛볼 수 있다. 인근 해안에서 잡은 방어, 전갱이, 양태 등 싱싱한 생선을 중심으로 한 다양한 음식이 가지런히 담겨 나오는데, 점심 메뉴는 기본 정식인 '쇼도시마小豆島'와 미니 코스 요리인 '하시리はしり', '코요미暦'로 구성되어 있다.

📍 香川県小豆郡小豆島町西村1816-1
💴 쇼도시마 ¥1,500
🕐 11:30~14:00(마지막 주문 13:30),
18:00~21:30(저녁 시간은 예약 필수)
❌ 월·화요일(공휴일이면 영업)
📞 0879-62-8234
🏠 koyomishodoshima.jimdofree.com
🌐 34.469875, 134.276285
🔍 Shodoshima Koyomi

라 모브 カフェ ラ·モーヴ ◀)) 라모오브　　　　　　　올리브 밭 아래 작은 카페

쇼도시마에서 생산된 식재료로 만든 점심 메뉴와 디저트를 판매하는 카페 겸 공방. 모든 메뉴를 손수 만들어 제공하는 것을 고집하며, 모두가 안심하고 먹을 수 있도록 재료도 엄선해 사용한다. 정갈하게 구성된 점심 메뉴를 즐긴 다음 가게 한쪽에 마련된 수제 액세서리와 잡화 판매 코너를 구경해보자. 쇼도시마의 추억이 될 만한 기념품을 만날 수 있다.

📍 香川県小豆郡小豆島町西村1843-2 💴 점심 정식ランチ ¥1,100 🕐 11:00~16:00(마지막 주문 15:30) ❌ 화·수요일 📞 0879-82-5991 🏠 www.olive-konohana.com 🌐 34.471051, 134.275352 🔍 Shodoshima Kinohara

베스트 시즌

사계절 언제나

관광안내소

· **주소** 愛媛県松山市道後湯之町6-3
· **시간** 08:30~20:00
· **휴무** 부정기

찾아가기

Access

○ **인천 국제공항**

┊ 직항 ⏱ 1시간 30분

○ **마츠야마松山 공항**

┊ 공항버스 ⏱ 약 15분

○ **JR 전철 마츠야마松山역 앞 버스 정류장**

Train

JR 전철 마츠야마松山역

예술가가 사랑한 온천 마을
마츠야마
松山

애니메이션 감독 미야자키 하야오宮崎駿와 소설가 나츠메 소세키夏目漱石의 공통점은? 바로 마츠야마에서 영감을 받아 작품을 탄생시켰다는 점이다. 마츠야마는 연중 온난한 기후가 계속되며, 비가 적은 편이라 사계절 언제 방문해도 청량한 날씨가 맞이한다. 또한 마을 분위기가 고요하고 평화로워 예술가의 마음을 훔치기에 충분하다.

마츠야마

마츠야마
상세지도

마츠야마에선 어떻게 이동할까

JR 마츠야마역에서 관광의 중심인 도고 온천까지는
도보로 1시간 거리이므로 이요테츠伊予鉄에서 운행
하는 노면 전차를 이용해 이동하자. 도고 온천까지
는 25분, 마츠야마성까지는 20분이 소요된다. 마츠
야마성은 걸어서도 갈 수 있으나 언덕길이라 리프트
를 타는 것도 방법이다.

¥ 노면 전차 일반 ¥180, 어린이 ¥90/ 리프트 편도 일반
¥270, 어린이 ¥140/ 왕복 일반 ¥520, 어린이 ¥260

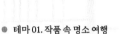 ● 테마 01. 작품 속 명소 여행　　● 테마 02. 마츠야마의 맛깔스런 먹거리

마츠야마성
松山城

🚉 JR 마츠야마에키마에역

JR 마츠야마역 🚉

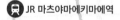

🚉 마츠야마시역

✈ 마츠야마 공항

0 160m

에히메 관광 물산관(귤 주스)
えひめ愛顔の観光物産館

도고 온천 주변

이치로쿠혼포(도고점)
一六本舗

도고 온천(자매관 츠바키노유)
道後温泉(椿の湯)

도고 온천(별관 아스카노유)
道後温泉 (別館 飛鳥乃湯泉)

도고 온천(본관)
道後温泉(本館)

다이코쿠야
大黒屋

코토리
ことり

도고 상점가
道後商店街

관광안내소

봇짱 카라쿠리 시계
坊っちゃんカラクリ時計

봇짱 열차
坊っちゃん列車

도고온센역

0 75m

THEME 01

이야기가 스민 배경 속으로
작품 속 명소 여행

마츠야마에선 작품의 배경 속으로 걸어 들어가 보자. 근대 일본 건축의 다양한 양식이 반영된 유서 깊은
도고 온천은 미야자키 하야오宮崎駿의 애니메이션 〈센과 치히로의 행방불명〉에 등장하는 주요 장소의 모델이 되었고,
봇짱 열차가 달리던 옛 거리 풍경은 나츠메 소세키夏目漱石의 소설 〈도련님〉의 무대가 되었다.

도고 온천 道後温泉 ◄) 도고온센

〈센과 치히로의 행방불명〉 속 그곳

일본에서 가장 오래된 온천. 일본의 고대 역사서인 〈일본서기日本書紀〉와 가장 오래된 서가집 〈만요슈万葉集〉에도 등장하는 등 3,000년의 역사를 품은 곳이다. 공중목욕탕으로는 처음으로 국가 중요 문화재로도 지정되었다. 본관을 중심으로 번화가가 형성될 만큼 마츠야마의 핵심 축을 이룬다. 본관은 120년 동안 다양한 시대의 다양한 건축 양식을 융합해서 완성한 건축물이다. 가장 먼저 눈에 들어오는 서쪽 정면은 1924년, 가장 오래된 북쪽은 1894년, 동쪽은 1899년, 남쪽은 1924년에 완성했다. 현재 내부는 보존 수리를 위해 공사 중이나 타마노유霊の湯는 영업을 계속해 가볍게 온천을 즐길 수 있다. 제대로 된 온천을 즐기고 싶다면 별관과 자매관을 이용하자. 7세기 아스카 시대를 형상화한 온천으로 2018년 새롭게 문을 연 별관 아스카노유飛鳥乃湯泉에는 본관에는 없는 가족탕과 노천 온천이 있으며, 현지인이 즐겨 찾는 공중목욕탕 츠바키노유椿の湯는 본관과 같은 온천수를 사용한다.

본관 本館

📍 愛媛県松山市道後湯之町5-6 ¥ 일반 ¥420, 2~11세 ¥160 🕐 06:00~23:00(마지막 입장 22:30) ✖ 12월 하루 휴무(홈페이지 참조) 📞 089-921-5141 🏠 www.dogo.jp 📍 33.852022, 132.786428

별관 아스카노유 別館 飛鳥乃湯泉

📍 愛媛県松山市道後湯之町19-22 ¥ 일반 ¥610~1,690, 2~11세 ¥300~830 🕐 1층 06:00~23:00(마지막 입장 22:30), 2층 06:00~22:00(마지막 입장 21:00) ✖ 연중무휴 📞 089-932-1126 📍 33.852290, 132.784737

자매관 츠바키노유 椿の湯

📍 愛媛県松山市道後湯之町19-22 ¥ 만 12세 이상 ¥400, 2~11세 ¥150 🕐 06:30~23:00(마지막 입장 22:30) ✖ 연중무휴 📞 089-935-6586 📍 33.852245, 132.785125

봇짱 열차 坊っちゃん列車 ◀)) 봇짱렛샤

〈도련님〉 속 그 열차

마츠야마 시내를 도는 작은 열차. 1800년대에 이곳을 무대로 쓴 일본 소설 〈도련님〉에서 주인공이 이용하는 성냥갑 같은 기차로 등장해 이 기차에도 소설명인 '봇짱坊っちゃん, 도련님'이라는 이름을 붙였다고 한다. 1888년에 개통해 1960년까지 시내 주요 노선을 돌았으나 타 지역을 오가는 철도 노선이 생겨 운행 노선이 폐지되었다. 이후 이벤트성으로 몇 차례 운행하다 2001년부터 복원되어 현재에 이르고 있다. 마츠야마의 중앙역인 마츠야마역을 출발해 번화가 마츠야마시역과 마츠야마성 부근을 지나 도고 온천까지 이어진다. 옛 증기기관차를 닮은 귀여운 외형도 인기. 시간당 한 대꼴로 운행하므로 홈페이지에서 시간표를 확인하자.

📍 愛媛県松山市道後町7 ¥ 일반 ¥1,300, 어린이 ¥650 🕐 토·일·공휴일 09:19~14:59(도고 온천 道後温泉 역 기준) ❌ 연중무휴 📞 089-948-3323 🏠 www.iyotetsu.co.jp/botchan
🌐 33.850580, 132.784966

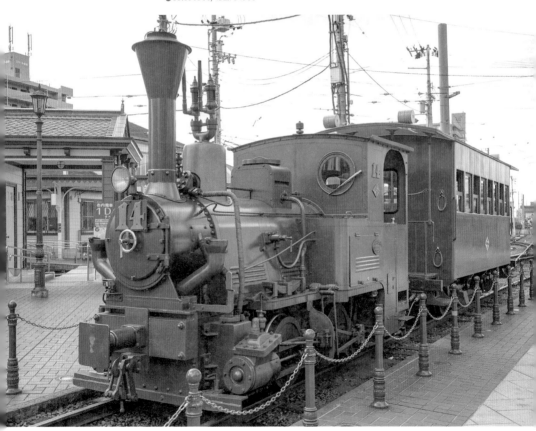

온천으로 가는 길
도고 상점가 道後商店街 🔊 도고쇼오텐가이

기념품점과 음식점이 즐비한 250m 길이의 아담한 상점가. 도고 온천에서 가장 가까운 전철역인 JR 도고온센道後温泉역 바로 앞에서 시작해 도고 온천 앞까지 이어진다. 1800년대 중후반 메이지 시대의 모습이 그대로 남아 있어 '하이 칼라 거리ハイカラ通り'라는 애칭으로도 불린다. 매월 넷째 주 일요일에는 오전 8시부터 12시까지 아침 시장을 개최한다.

📍 愛媛県松山市道後湯之町6   🕐 09:00~22:00   ❌ 부정기
📞 089-931-5856   🏠 www.dogo-shoutengai.jp
📷 33.851068, 132.785232

봇짱 카라쿠리 시계 坊っちゃんカラクリ時計 🔊 봇짱카라쿠리토케에

인형들의 환영 인사

도고 상점가 입구 오른편을 주목하자! 작은 연못이 있던 자리를 메우고 만든 광장 '호조엔放生園'에는 1994년에 도고 온천 100주년을 기념해 만든 시계가 있다. 도고 온천 본관 지붕을 참고해 디자인한 시계에서는 오전 8시부터 밤 10시까지 1시간 간격으로 음악이 흘러나오고, 소설 〈도련님〉의 등장인물이 등장한다. 시계 옆에는 도고 온천의 원천을 사용하는 무료 족욕탕도 있다.

📍 愛媛県松山市道後湯之町6-7   🕐 월~금요일 매시 정각(3·4·8·11월·연말연시·5월 1~5일·토·일·공휴일 매시 30분 추가 운행)   📞 089-948-6555
📷 33.850697, 132.785463

TIP 거리의 예술, 도고 아트

일본에서 가장 오래된 온천이 있다는 타이틀만으로는 이곳의 매력을 알리기에 부족하다고 판단한 젊은 예술가들이 도고 마을에 모였다. 옛 건물들에 예술 작품이 더해지면서 마을 전체가 활기를 띠고 있다. 덕분에 유명 관광지에 숨어 있는 작품을 하나하나 찾아보는 재미가 있다. 작품의 종류와 위치를 알고 싶다면 홈페이지를 참고할 것.

🏠 dogoonsenart.com

신지 오마키의 작품 〈츠바키(동백나무)〉

마츠야마성 松山城 ◀) 마츠야마죠오

산 정상에 있는 성

마츠야마시 중심부에 우뚝 솟은 132m 높이의 카츠야마산勝山 정상부에 자리하고 있다. 1600년대 에도 시대 이전에 만든 천수각(성 중앙에 3~5층 높이로 세운 망루) 12개 가운데 하나가 이곳에 있으며, 성 내부의 건물 21채는 국가 지정 중요 문화재로 등재되어 있다. 성까지는 걸어서 올라가거나 리프트를 이용한다. 성까지는 오르막길로 20~30분 정도면 도착한다. 산 정상부에 위치하는 만큼 마츠야마시를 조망할 수 있으며, 천수각에 오르면 360도 파노라마로 시내를 둘러볼 수 있다.

📍 愛媛県松山市丸之内1 💴 천수 관람권 중학생 이상 ¥520, 초등학생 ¥160/ 리프트 왕복 통합권 중학생 이상 ¥1,040, 초등학생 ¥420 🕐 천수 2~7·9~11월 09:00~17:00, 8월 09:00~17:30, 12~1월 09:00~16:30 ❌ 12월 셋째 주 수요일 📞 089-921-4873
🏠 www.matsuyamajo.jp 📍 33.845598, 132.765530

THEME 02
특색 있지만 친근한
마츠야마의 맛깔스런 먹거리

동쪽에는 바다, 서쪽에는 산이 위치한 마츠야마는 그야말로 식재료의 천국이다.
싱싱한 해산물 중 특히 도미로 만든 요리가 유명하고 따스한 햇빛을 받고 자란 귤도 특산물로 사랑받는다.

다이코쿠야 大黒屋 ◀) 다이코쿠야

명물 도미 밥으로 든든하게

마츠야마 인근 해안에서 잡은 싱싱한 도미를 밥 위에 얹어 먹는 타이메시鯛めし는 마츠야마의 명물 음식. 솥에 도미와 밥을 함께 넣어 짓는 카마메시 방식과 도미회를 날달걀, 쇼유, 밥과 함께 섞어 먹는 츠케동 방식이 있다. 50년 가까이 마츠야마를 지켜온 다이코쿠야는 2가지 방식을 모두 선보이는 곳이다. 솥밥은 음식이 나오기까지 시간이 다소 걸린다.

📍 愛媛県松山市道後喜多町8-21 ¥ 타이고모쿠카마메시鯛五目釜めし ¥1,030
🕐 11:00~ 21:30(마지막 주문 21:00)
❌ 첫째·셋째 주 수요일 📞 089-925-5005
🏠 www.korepano.jp/daikokuya-dogo
📷 33.852064,132.780766

코토리 ことり ◀) 코토리

후루룩 냄비우동으로 요기를

알루미늄 냄비에 우동을 넣어 끓인 '나베야키 우동鍋焼うどん' 전문 음식점. 다시마를 우린 육수에 쇠고기, 달걀말이, 얇게 썬 유부, 일본식 어묵을 토핑한 소박한 구성이지만 달짝지근하면서 적당히 간이 되어 후루룩 잘 넘어간다. 양이 많은 편은 아니라 다른 간식을 곁들여 먹거나 살짝 배가 출출할 때 먹으면 좋다.

📍 愛媛県松山市湊町3-7-2 ¥ 나베야키 우동鍋焼うどん ¥550 🕐 10:00~14:00 ❌ 수요일
📞 089-921-3003 📷 33.836185, 132.769616

이치로쿠혼포 一六本舗 🔊 이치로쿠혼포

달달한 명과를 음미해요

도고 온천을 내려다보며 휴식을 취하기에 그만인 카페. 마츠야마가 속한 에히메愛媛현의 전통 화과자 2가지를 녹차와 함께 즐길 수 있는 이치로쿠 명과 세트一六名菓セット를 추천한다. 참고로 화과자는 유자와 쌍백당을 첨가한 팥앙금을 카스텔라로 감싼 '이치로쿠 타르트一六タルト'와 말차, 달걀노른자, 팥 등 3가지 맛 앙금을 꼬치에 꽂은 '봇짱 당고坊っちゃんだんご'로 구성되어 있다.

📍 도고혼칸마에점 愛媛県松山市道後湯之町20-17
💴 이치로쿠 명과 세트一六名菓セット ¥520
🕐 일~목 09:00~19:00, 금·토요일 09:00~20:00
❌ 숍 연중무휴, 카페 목요일 📞 089-921-2116
🏠 www.itm-gr.co.jp/ichiroku
📍 33.852164, 132.786031
📍 Ichi Roku Honpo Dogo Main Building

귤 주스 みかんジュース 🔊 미캉주우스

새콤한 특산품을 마셔보자

에히메현에서는 특산품인 귤을 이용한 맛있는 주스를 맛볼 수 있다. 마츠야마시는 곳곳에 수도꼭지에서 귤 주스가 나오는 개수대를 설치해 독특한 방식으로 홍보를 하고 있는데, 마츠야마 성 부근 에히메 관광물산관, 마츠야마 공항, 도고 온천 부근 호텔 등지에서 만날 수 있다. 직원에게 돈을 지불하고 종이컵을 받아 자신이 직접 수도꼭지를 틀어 주스를 받으면 된다.

📍 에히메 관광물산관 愛媛県松山市大街道3-6-1 岡崎産業ビル1F
💴 귤 주스みかんジュース ¥100~350 🕐 09:00~18:00 ❌ 12월 31일
~1월 2일 📞 089-943-0501 🏠 www.iyonet.com/facility
📍 33.843244, 132.771317 📍 Sweets Bar LH(건너편에 위치)

해변의 정원에서 사색을 즐기는 방법

카츠라하마

桂浜

백사장 옆 소나무 숲, 그 숲 사이로 보이는 작은 신사 그리고 푸른 바다가 펼쳐지는 풍경이 마치 미니어처 정원 같은 경승지를 아시는지. 태평양과 맞닿은 고치현의 최남단에는 고요하고 예쁜 해변이 자리한다. 누구의 방해도 없이 사색에 잠기고 싶다면 카츠라하마로 떠나자.

카츠라하마 여행의 시작

코치역을 출발해 코치현 끝자락까지 50분 남
짓 버스를 타고 달려 도착한 바닷가는 생각보
다 파도도 세고 인적도 드물어 이곳이 진짜 관
광지인지 의심마저 든다. 하지만 고개를 조금
만 돌려보면 자신도 모르게 카메라 셔터를 누
르게 되는 아름다운 비경이 나타난다. 짙푸른
바다 위에 단아하게 앉아 있는 신사는 한 폭의
산수화를 연출한다. 예부터 달의 명소로 알려진 만큼 낭만적인 요소는 다
갖추고 있다. 달걀과 탈지분유로 만든 코치현의 명물 '아이스크링アイスクリ
ン'을 먹으며 목을 축이는 것도 잊지 말자.

카츠라하마 해변 📍 高知県高知市浦戸桂浜 🌐 33.497144, 133.574918

Access

○ **인천 국제공항**

❶ 칸사이 공항 경유
  (인천-오사카) 🕐 1시간 35~45분
  (오사카-코치) 🕐 45~50분

❷ 후쿠오카 공항 경유
  (인천-후쿠오카) 🕐 1시간 10~20분
  (후쿠오카-코치) 🕐 50~55분

○ **코치高知 공항**

공항버스 🕐 25분

○ **JR 전철 코치高知역**

마이유 버스 🕐 1시간

○ **카츠라하마**

Bus

마이유 버스 MY遊バス
JR 코치역에서 출발해 하리마야 다리를
거쳐 카츠라하마까지 가는 관광버스.

¥ 1일권 중학생 이상 ¥1,000, 초등학생
¥500, 미취학 아동 무료, 외국인 여행자
여권 지참 시 50% 할인

히로메 시장 ひろめ市場 ◀ッ 히로메이치바   가다랑어는 꼭 먹어보세요

코치현의 음식문화를 알리고자 만든 푸드 홀. 코치현의 특산물인 가다랑어ｶﾂｵ를 맛보고 싶다면 반드시 방문해야 한다. 살살 녹는 기름진 가다랑어를 센 불에 살짝 구운 다타키たたき를 제대로 선보이기 때문이다. 시장 내 40개의 업소 가운데 수산시장에서 직송한 가다랑어로 다타키를 만드는 묘진마루明神丸가 대표적인 맛집이다. 가다랑어가 가장 맛있는 시기는 3~4월, 10월이라 하니 참고하자.

📍 高知県高知市帯屋町2-3-1 · 💴 묘진마루의 카츠오 다타키 정식ｶﾂｵのたたき定食 ¥900~
🕐 월~토·공휴일 10:00~23:00, 일요일 09:00~23:00 ❌ 연중무휴 📞 088-822-5287
🏠 www.hirome.co.jp 🕒 33.560368, 133.535780

일요 시장 日曜市 ◀ッ 니치요오이치   3300여 년의 역사를 간직한 시장

1690년부터 무려 330여 년 동안 이어져 오고 있는 시장. 매주 일요일에는 코치성 동쪽에 늘어선 1.3km의 큰 도로가 장터로 변신한다. 400여 개의 업체가 참가하는데, 코치현에서 나고 자란 신선한 식재료와 먹거리가 풍성하다. 재고가 많은 오전 시간대가 구경하기에는 가장 좋다. 시장의 명물 고구마튀김いも天도 꼭 먹어볼 것.

📍 高知県高知市追手筋10 🕐 일요일 06:00~15:00 ❌ 월~토요일 📞 088-823-9456
🏠 tosagairoiti.ojyako.com 🕒 33.561514, 133.537985 🔎 Sunday Market Kochi

하리마야 다리 はりまや橋 🔊 하리마야바시

작지만 알고 보면 꽤 유명한 다리

코치 시내 중심가에 떡하니 자리한 자그마한 붉은색 다리. 한 승려의 슬픈 사랑 이야 기가 전해지는 전설의 다리이자 코치현의 전통 축제인 요사코이 축제에서 부르는 민요 '요사코이부시よさこい節'의 가사에도 등장하는 곳이다. 하지만 한국인 여행자에겐 지명도가 낮고 구미를 당길 만한 요소가 적어 선뜻 추천하긴 어렵다. 다만 워낙 유명한 곳이니 시내 중심가를 둘러보는 김에 잠시 들러보자.

📍 高知県高知市はりまや町1-1 🌐 33.559927, 133.542684 🔎 Harimaya Bridge

코치성 高知城 🔊 코오치죠오

에도 시대 성의 모습이 궁금하다면

1601년에 축성을 시작해 10년에 걸쳐 완성한 성. 한 차례 화재로 소실돼 성의 가장 높은 부분인 천수각과 성 초입에 자리한 문인 오우테몬追手門을 1753년 창건 당시의 형태로 복원했다. 이는 일본의 성들 중, 에도 시대에 지은 천수각과 오우테몬이 함께 남아있는 유일한 것이라 더욱 가치 있다고 한다.

📍 高知県高知市丸ノ内1-2-1 ¥ 18세 이상 ¥420, 17세 이하 무료 🕘 09:00~17:00(마지막 입장 16:30) ❌ 12월 26일~1월 1일 📞 088-824-5701 🏠 www.kochipark. jp/kochijyo 🌐 33.560718, 133.531507 🔎 Kochi Castle

PART
05

中国

봄이 오는 바다 마을을
여행하는 방법

추고쿠

봄 오는 바다 마을을 여행해볼까

추고쿠의 소도시들

일본에도 육지로 둘러싸인 바다가 있다. 그 세토 내해와 맞닿은
추고쿠의 도시들을 소개한다. 세토 내해로 흐르는 강을 따라 과거 무역이
번성했던 쿠라시키, 신사 입구에 떠 있는 붉은 오토리이의 모습이 대표적인
신의 마을 미야지마, 굽이굽이 언덕길도 고양이도 많은 바다 마을
오노미치, 일본 소도시에 바라는 로망이 바로 여기 있다.

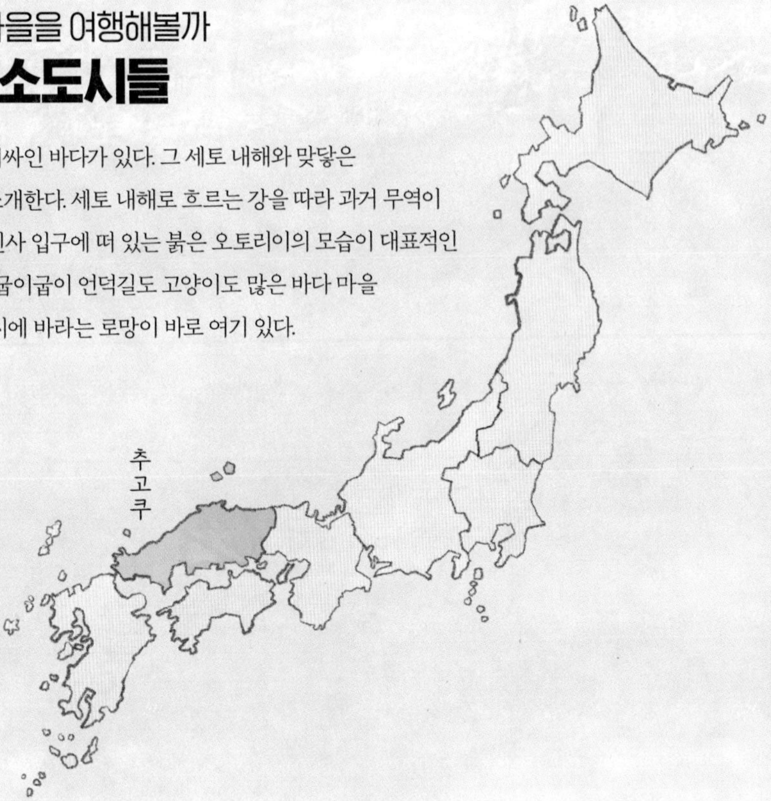

추
고
쿠

★★☆ 운하 마을에 모네의 그림이 있는 이유, **쿠라시키**
★★☆ 신이 머무르는 일본 3대 절경의 섬, **미야지마**
★☆☆ 언덕길 따라 고양이 따라 마을 산책, **오노미치**

특별한 여행을 꿈꾼다면?

역사를 기억하며 현재를 여행하는 방법, **히로시마**
일본에 실존하는 사막, **톳토리 사구**

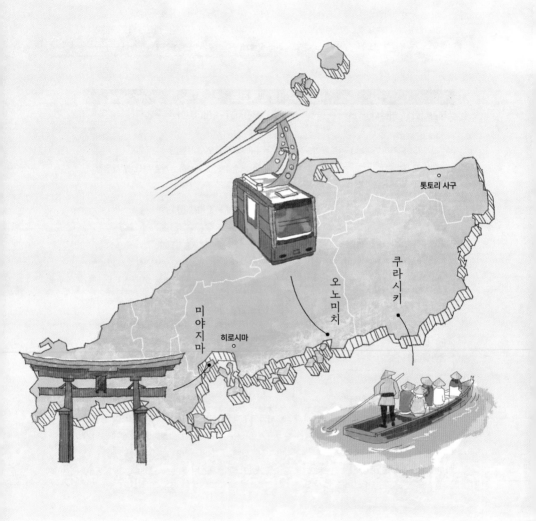

톳토리 사구

쿠라시키

오노미치

미야지마

히로시마

코스부터 이동까지
추고쿠를 여행하는 방법

추고쿠 여행은 의외로 큐슈에서 시작하는 경우가 많다. 후쿠오카를 출발해 키타큐슈와
시모노세키를 둘러본 후 추고쿠의 주요 도시들을 찾아 동쪽에서 서쪽으로 이동하는 루트가 바로 그것이다.
이 루트를 가능하게 하는 건 바로 '오카야마·히로시마·야마구치 패스'가 있기 때문이다.

큐슈 여행 교통 정보	
쿠라시키 ↔ 히로시마 🚄 1시간 10분 쿠라시키→오카야마(환승)→(토카이도선東海道線·산요신칸센山陽新幹線)→히로시마 🚌 직행이 없고 환승이 번거로우므로 열차 권장	**쿠라시키 ↔ 미야지마** 🚄 00분 쿠라시키→히로시마(환승)→미야지마 🚌 직행이 없고 환승이 번거로우므로 열차 권장
쿠라시키 ↔ 오노미치 🚄 1시간 5분 JR 산요본선山陽本線 보통열차 🚌 직행이 없으므로 열차 이용 권장	**히로시마 ↔ 미야지마** 🚄 29분 JR 산요본선山陽本線 보통열차 🚌 직행이 없으므로 열차 이용 권장
히로시마 ↔ 오노미치 🚄 1시간 40분 히로시마→이토자키糸崎(환승)→오노미치 🚌 1시간 30분 플라워 라이너フラワーライナー 고속버스	**미야지마 ↔ 오노미치** 🚄 2시간 10분 미야지마→이토자키糸崎(환승)→오노미치 🚌 직행이 없고 환승이 번거로우므로 열차 권장

세토우치 패스 Setouchi Area Pass

연속 7일간 후쿠오카 하카타역에서 오사카 신오사카역까지 연결되는 세토우치 지역, 칸사이 지역 내
대중교통을 자유롭게 이용할 수 있는 패스. 후쿠오카, 야마구치, 히로시마, 오카야마, 마츠야마, 타카
마츠, 고베, 오사카, 교토 전 지역을 아우른다. JR 전철을 비롯해 페리, 버스 등 교통수단을 7일간 무제
한으로 사용할 수 있어 다양한 경로로 여러 곳을 돌아보기 좋다. 패스는 JR 주요 역사 내 니시니혼西日
本, 시코쿠四国 전용 창구에서 수령할 수 있다.

¥ 7일권 일반 ¥19,000, 어린이 ¥9,500

탑승 가능한 대중교통

산요 신칸센(신오사카-하카타), 특급열차(하루카, 시오카제, 남푸 등), 오카야마 전철, 급행열차, 쾌속
열차, 보통열차, 료비 페리(신오카야마 항구-토노쇼 항구), 쇼도시마 페리(타카마츠항-토노쇼 항구),
JR 서일본 미야지마 페리(미야지마구치-미야지마), 오카덴 버스(오카야마역-신오카야마항), 오노미
치 버스시마나미 사이클 익스프레스(오노미치에키마에/신오노미치역-이마바리에키마에/이마바리
항), JR 추고쿠 버스(히로시마 관광 버스), 이시가키 키센/세토나이카이 키센 슈퍼젯

요나고 키타로 공항

톳토리 사구

쿠라시키

오카야마 공항

열차 1시간

열차 1시간 40분

버스 1시간 30분

열차 1시간 5분

미야지마

히로시마

열차 29분

히로시마 공항

열차 2시간 10분

오노미치

추천 코스에 꼭 맞는 알뜰 티켓

오카야마·히로시마·야마구치 패스 Okayama·Hiroshima·Yamaguchi Area Pass

JR 서일본에서 만든 외국인 전용 교통 패스. 히로시마, 오카야마, 야마구치 세 지역을 비롯해 후쿠오카 하카타역과 코쿠라역을 포함한 JR 산요신칸센山陽新幹線과 특급열차의 자유석, 신쾌속, 쾌속, 보통열차를 5일간 자유롭게 승하차할 수 있는 티켓이다. 여기에 미야지마의 페리와 추고쿠 지역의 JR 노선버스도 이용할 수 있어 여러모로 이득이다. 무엇보다 다른 패스와 달리 하카타와 오카야마 사이를 연결하는 일본의 KTX 신칸센 자유석을 이용할 수 있다는 것이 가장 큰 강점이다. 일본 현지보다 한국에서 구입하는 것이 더욱 저렴하다.

¥ 5일권 일반 ¥15,000·어린이 ¥7,500

고즈넉한 운하 마을의 변신

쿠라시키

倉敷

에도江戶 막부 시대의 관할 지역이자 물자의 집적지로 활약했던 마을이 일본을 대표하는 관광지로 탈바꿈한 이유는 무엇일까. 쿠라시키에는 유달리 벽을 하얗게 칠한 집이 많다. 이런 하얀 집들이 정갈하게 늘어선 거리가 놀라울 만큼 잘 보존되어 있고 주민들도 이러한 풍경과 조화를 이루며 살아간다. 오하라 미술관의 설립자 오하라 마고사부로大原孫三郞는 이러한 풍경이 분명 여행자에게 매력적일 것이라 생각했다. 그는 쿠라시키 고유의 분위기를 살리는 것이 관광지로서 차별점이라고 보았고, 그 역시 세계적인 거장의 회화 작품을 전시한 미술관을 지어 지역 활성화에 동참했다. 그의 예상은 적중했다.

쿠라시키

베스트 시즌
3월 하순~4월 상순

관광안내소
· **주소** 岡山県倉敷市中央1-4-8
· **시간** 09:00~18:00
· **휴무** 연중무휴

찾아가기

Access
○ 인천 국제공항
ː 직항 ⏱1시간 30분
○ 오카야마岡山 공항
ː 공항버스(연락버스) ⏱35분
○ JR 전철 쿠라시키倉敷역 북쪽 출구

Train
○ JR 전철 오카야마岡山역
ː 전철 ⏱17분
○ JR 전철 쿠라시키倉敷역

쿠라시키
상세지도

🚃 JR 쿠라시키역

쿠라시키에선 어떻게 이동할까

쿠라시키의 즐길 거리는 대부분 쿠라시키 미관 지구에 모여 있다. JR 쿠라시키역에서 다소 떨어져 있지만 걸어서 12분 정도의 거리다. 미관 지구 자체도 그리 넓지 않아 걸어서도 충분히 둘러볼 수 있다. 언덕길을 오르는 것도 아치 신사 정도다.

캇파
かっぱ

카페 게바
Cafe Gewa

무기
mugi

아치 신사
阿智神社

오하시 가문 주택
大橋家住宅

오하라 미술관
大原美術館

미야케 상점
三宅商店

혼초 거리
本町通り

신케엔
新渓園

관광안내소 ℹ️

쿠라시키 미관 지구
倉敷美観地区

쿠라시키 민예관
倉敷民藝館

🚤 카와부네나가시
승선장

쿠라시키모모코
くらしき桃子

● 테마 01. 전통이 곧 현재   ● 테마 02. 쿠라시키의 신선한 맛

0   90m

THEME 01

과거가 현재를 만나는 찰나
새로운 쿠라시키가 탄생한 곳

소도시는 마음을 느슨하게 만드는 고즈넉함이 있다. 쿠라시키는 전통과 현대를 접목하는 것이

가장 큰 자산이 될 수 있음을 보여준다. 운하를 따라 늘어선 오래된 창고를 관광 자원으로 활용한 미관 지구부터

인상주의 작품을 관람할 수 있는 미술관까지, 쿠라시키다운 장소들로 떠나보자.

과거의 풍경으로 떠나는 산책
쿠라시키 미관 지구 倉敷美観地区 🔊 쿠라시키비칸치쿠

옛 건물과 마을 풍경이 그대로 남아 있어 전통 건물 보존 지구로 지정된 마을이다. 1642년 에도 막부의 관할 지역으로 지정된 후 강을 이용해 쌀과 솜 등의 물자를 옮기면서 이것을 보관할 창고를 짓기 시작했는데, 현재 쿠라시키倉敷강 주변에 즐비한 하얀 벽돌집과 창고는 이때 지은 것들이다. 철도의 발달로 수요가 줄어들어 쇠락의 길을 걸었으나 오하라 미술관의 설립자인 오하라 마고사부로大原孫三郎가 집과 창고를 관광 자원으로 활용하자고 제안, 새로운 전환기를 맞게 된다. 미관 지구 자체는 그리 넓지 않아 나룻배를 타고 강을 20분간 돌아보는 '카와부네나가시川舟流し'를 즐기거나 타박타박 산책을 하며 거리를 만끽할 수 있다. 해 질 녘부터 밤 10시까지(10~3월은 밤 9시까지)는 쿠라시키강 부근에 멋스러운 조명등이 불을 밝혀 밤 산책을 즐기기에도 좋다.

📍 岡山県倉敷市中央1-4-8(카와부네나가시 승선장) ¥ 카와부네나가시 일반 ¥500, 초등학생 이하 ¥250, 만 4세 이하 무료 🕐 24시간(카와부네나가시 09:30~17:00) ❌ 연중무휴 (카와부네나가시는 3~11월 둘째 주 월요일, 12~2월 월~금요일, 연말연시 휴무)
📞 086-422-0542 🧭 34.595568, 133.771881

함께 들르면 좋은 곳

쿠라시키 민예관 倉敷民藝館 ◀》 쿠라시키민게에칸

생활 도구의 아름다움

에도 시대 후기에 지은 쌀 창고를 개조해 1948년에 문을 연 민예품 전문 박물관. 민예품이란 서민들이 일상생활에서 사용하는 물건으로 실용성은 물론 아름다운 외형도 갖춘 것을 의미한다. 민예관에서는 예술 가치가 높은 소장품을 만날 수 있다.

📍 岡山県倉敷市中央1-4-11 ¥ 일반 ¥1,000, 고등·대학생 ¥400, 초등·중학생 ¥400 ⏰ 09:00~17:00(마지막 입장 16:30) ❌ 월요일(공휴일인 경우 다음날), 12월 29일~1월 1일 📞 086-422-1637 🏠 www.kurashiki-mingeikan.com 🌐 34.595515, 133.771587

공예동양관

본관

분관

오하라 미술관 大原美術館 ◀》오오하라비주츠칸

뜻밖의 장소에서 만나는 거장들

1930년 쿠라시키의 실업가 오하라 마고사부로가 설립한 사립 미술관으로, 일본에서 처음으로 서양 미술과 근대 미술 작품을 전시하기 시작했다. 세계적인 거장의 회화 작품이 전시된 본관, 공예품과 동양 미술 작품이 중심인 공예·동양관, 일본 서양화와 현대 미술 작품을 다루는 분관으로 나뉘어 있다. 본관에는 모네의 '수련', 고갱의 '환희의 땅', 엘 그레코의 '수태고지' 등 굵직한 회화 작품이 연대별로 전시되어 있으니 집중해서 감상하자.

♀ 岡山県倉敷市中央1-1-15 ¥ 일반 ¥2,000, 초등·중·고등학생 ¥500, 미취학 아동 무료
🕐 3~11월 09:00~17:00(마지막 입장 16:30), 12~2월 09:00~15:00(마지막 입장 14:30)
✖ 월요일, 연말연시 📞 086-422-0005 🏠 www.ohara.or.jp 🎯 34.596119, 133.770618

함께 들르면 좋은 곳

신케엔 新渓園 ◀》신케에엔

일본 가옥에 앉아 힐링을

오하라 미술관 분관으로 향하는 본관 뒤편 길목에 자리한 저택. 1893년 쿠라시키 방적 회사의 초대 사장인 오하라 코시로大原孝四郎의 별장으로 지은 건물인데, 일본의 전통 건축 양식을 완벽하게 재현한 것으로 높이 평가받는다. 마루에 앉아 푸르른 신록의 기운을 느끼며 힐링하기에 참 좋다.

♀ 岡山県倉敷市中央1-1-20 ¥ 무료 🕐 09:00~17:00
✖ 12월 29일~1월 3일 📞 086-422-0338
🎯 34.595773, 133.770274 🔍 Shinkei-en

오하시 가문 주택 大橋家住宅 오오하시케주우타쿠

일본 국가 지정 중요 문화재인 옛 전통 가옥. 적극적인 개발과 상업의 발달 덕에 막대한 부를 거머쥔 오하시 가문이 거주했던 공간이다. 1796년에 지은 것으로 에도 시대 후기에 이 지역에서 유행하던 전통 건축 양식의 전형적인 형태를 갖춘 대표적인 건물로 꼽힌다. 당시 풍경뿐만 아니라 생활상을 체험할 수 있도록 서재, 부엌 등도 옛 모습 그대로 보존하고 있다. 방 구석구석까지 차근차근 살펴볼 수 있게끔 신발을 벗고 올라가도록 허용한다. 벽, 지붕, 창문 등 사소한 부분에도 디테일을 더했다.

📍岡山県倉敷市阿知3-21-31 ¥일반 ¥550, 초·중학생·65세 이상 ¥350, 미취학 아동 무료 ⏰09:00~17:00(4~9월 토요일은 09:00~18:00) ❌12~2월 매주 금요일, 12월 28일~1월 3일 📞086-422-0007 🏠www.ohashi-ke.com 🌐34.597101, 133.768341 🔎Ohashi-ke

아치 신사 阿智神社 🔊 아치진자

쿠라시키 미관 지구 북동쪽 츠루가타鶴形산 정상에 있는 신사. 혼초 거리 사이로 보이는 기나긴 계단이 끝없이 이어져 때 아닌 등산을 해야 하나 염려될 수도 있지만, 의외로 낮아 생각보다 빨리 도달하는 편이다. 소원 성취, 건강 기원, 무사 순산 등 염원을 담아 참배하는 장소로 쿠라시키 주민들이 주로 찾는데, 여행자들은 이곳에서 내려다본 쿠라시키의 아름다운 풍경을 보러 찾곤 한다.

📍岡山県倉敷市本町12-1 ¥무료 🕐24시간 ❌연중무휴 📞086-425-4898
🏠www.achi.or.jp 🌐34.597512, 133.773481 🔎Achi Shrine

혼초 거리 本町通り 🔊 혼초도오리

1700년대 에도 시대 중심가였던 500m 정도의 아담한 거리로 장롱이나 그릇을 만드는 장인들이 모여 살았던 곳이다. 현재는 당시의 상가와 창고를 개조해 카페, 갤러리, 기념품점 등 다양한 가게가 즐비하세 들어섰다. 여행자 대상 가게가 많은 편임에도 동네 길을 걷는 듯한 호젓한 분위기가 참 좋다. 지금은 대중화되었으나 예쁜 디자인의 마스킹테이프를 처음 개발해서 판매하기 시작한 곳이 쿠라시키인 만큼 전문점도 눈에 띈다.

📍岡山県倉敷市本町 3 🕐가게마다 다름 🌐34.596364, 133.772622 🔎유린소

정갈한 한 끼부터 디저트까지
신선한 재료가 만든 쿠라시키의 맛

쿠라시키가 위치한 오카야마현은 강과 바다, 산지과 구릉,
평야가 맞닿은 입지적 조건과 온화한 기후 덕분에 식재료의 보고로 불린다.
특히 제철 과일이 맛있기로 소문이 나 있다. 전통 가옥을 개조한 공간에서
식사와 디저트, 커피를 곁들이며 쿠라시키의 맛을 음미해보자.

캇파 かっぱ ◀)) 캇파

오카야마식 톤카츠

쿠라시키역 앞 상점가에 연일 기다란 대기 행렬을 이루는 인기 톤카츠 전문점. 오카야마岡山현에서는 톤카츠를 먹을 때 일반 소스가 아닌 데미글라스 소스를 뿌려 먹는데, 이곳 역시 그러하다. 육질이 꽤나 두꺼워 보통은 미니 사이즈가 알맞으나 배가 많이 고프거나 대식가라면 일반 크기를 주문하자. 햄버그스테이크, 크로켓, 새우튀김이 모두 포함된 세트 메뉴도 있다.

톤카츠에 데미글라스 소스를 뿌리는 게 특징!

📍 岡山県倉敷市阿知2-17-2 ¥ 톤테이とんてい ¥1,500, 미니 톤테이ミニとんてい ¥1,000 🕐 11:20~14:00, 17:00~19:30 ❌ 월요일(공휴일인 경우 다음 날) 📞 086-422-0440 🌐 34.599368, 133.769027 🔍 돈카츠 갓파

미야케 상점 三宅商店 ◀)) 미야케쇼오텐

100년 가옥의 전통찻집

옛 전통 가옥을 개조한 일본식 다방. 제철 채소를 듬뿍 넣어 만든 특제 카레에 미니 디저트와 커피 또는 홍차를 포함한 평일 한정 점심 메뉴가 큰 인기다. 고풍스러운 가게 분위기와 정갈한 음식 플레이팅이 젊은 층의 마음을 사로잡는다. 가게 한쪽에서 오카야마의 특산품으로 꼽히는 예쁜 마스킹테이프도 판매한다.

📍 岡山県倉敷市本町3-11 ¥ 미야케 카레 세트三宅カレーセット ¥1,650 🕐 월~금요일 11:30~17:00(마지막 주문 16:30), 토요일 11:00~18:00(마지막 주문 17:30), 일요일 11:30~17:30(마지막 주문 17:00) ❌ 부정기 📞 086-426-4600 🏠 www.miyakeshouten.com 🌐 34.596325, 133.772329 🔍 Cafe Miyake Shouten

카페 게바 Cafe Gewa 🔊 카훼게바

한 커피 배전소가 운영하는 카페로 토스트와 음료로 구성된 모닝 세트가 인기. 토스트에 올리는 토핑은 바나나, 버섯, 치즈, 꿀버터, 오믈렛, 안초비 버터 등 13가지 중에서 선택할 수 있으며, 음료는 오리지널 블렌드 커피와 홍차 중 고르면 된다. 사이드로는 삶은 달걀과 요거트 중 하나를 선택할 수 있다.

📍 岡山県倉敷市阿知2丁目23-10 林源十郎商店1F
💴 모닝 세트モーニングセット ¥1,000
🕐 09:00~17:00(마지막 주문 16:30)
❌ 부정기 📞 086-441-7890
🏠 ooyacoffeeassociees.com/navi/cafe-gewa
🎯 34.597450, 133.770455

맛도 모양도 으뜸 파르페
쿠라시키모모코 くらしき桃子 🔊 쿠라시키모모코

제철 과일로 만드는 파르페 전문점. 과일이 맛있기로 소문난 오카야마 지방다운 맛집이다. 1층에서는 파르페 주문을 비롯해 오카야마산 과일로 만든 젤리, 푸딩, 잼 등 기념품으로 좋은 상품을 판매한다. 주문한 파르페는 2층 카페 공간에서 먹으면 된다.

📍 岡山県倉敷市本町4-1 💴 파르페パフェ ¥1,320~ 🕐 11:00~17:00(마지막 주문 16:30) ❌ 부정기 📞 086-427-0007 🏠 www.kurashikimomoko.jp 🎯 34.595610, 133.772064 📍 Kurashiki Momoko

무기 mugi 🔊 무기

재료 본연의 맛과 풍미를 살린 천연 효모 빵 전문인 빵집 겸 카페. 프랑스산 밀가루로 만든 딱딱한 빵을 중심으로 호밀빵, 전립분 100% 빵, 식빵 등 30가지가 넘는 빵을 선보인다. 2층에 마련된 카페에서 구매한 빵을 먹을 수 있으며 음료 주문도 가능하다.

📍 岡山県倉敷市阿知2-25-40 💴 빵 ¥270~, 음료 ¥500~
🕐 07:30~17:00 ❌ 부정기 📞 086-427-6388
🏠 www.mugi.co.jp 🎯 34.597526, 133.770538
📍 Boulangerie mugi

역사의 무게를 기억하는 방법
히로시마
広島

히로시마는 한국인 여행자에게는 마음이 복잡해지는 곳이다. 1945년 미국이 히로시마에 원자폭탄을 투하한 후 우리나라가 36년간의 일제 강점에서 해방되었기 때문이다. 동시에 슬프게도 우리나라는 일본 다음으로 큰 피해를 입은 국가가 되었다. 오노미치나 미야지마로 가기 위해 거쳐야 할 히로시마. 과거를 기억하고 현재를 즐길 수 있는 히로시마의 당일치기 여행지를 소개한다.

히로시마 여행의 시작

히로시마는 오노미치尾道와 미야지마宮島를 들를 때 반드시 거치게 되는 관문 도시다. 원자폭탄이 투하된 어두운 역사의 본거지라 한국인의 인지도는 매우 높은 편이나 여행지로서는 그다지 알려지지 않은 미지의 도시나 다름없다. 하지만 히로시마의 면면을 살펴보면 여태까지 몰랐던 게 신기할 만큼 많은 관광 명소가 들어서 있다. 서방 국가의 방문객이 현지인만큼 많다는 것도 특색 있다. 미야지마와 오노미치를 여행할 계획이라면 JR 히로시마역 주변에 숙소를 잡으면 효율적으로 이동할 수 있다. 이 책에서는 히로시마역 주변에서 가보면 좋을 명소와 음식점을 추천한다. 오코노미야키 맛집도 놓치지 말 것!

Access
- **인천 국제공항**
  - 직항 ⏱1시간 40분
- **히로시마広島 공항**
  - 공항버스 ⏱45분
- **JR 전철 히로시마広島역**

전쟁의 비참함
원폭 돔 原爆ドーム 🔊겐바쿠도오무

전쟁의 잔혹함과 참상을 알리고자 원폭으로 인해 잿더미로 변한 당시 돔 건물을 그대로 두었다. 가해자의 모습은 감추고 피해자 신분을 앞세워 평화의 상징으로 이용하는 일본의 현 상황이 개운치 않지만, 일제에 강제 징용되어 피폭을 당한 한국인 희생자들이 있다는 것도 잊지 말자. 원폭 돔 건너편 평화기념공원平和記念公園에는 한국인 원폭 희생자를 위한 위령비도 세워져 있으니 함께 방문해보자.

📍 **원폭 돔** 広島県広島市中区大手町1-10, **평화기념공원** 広島県広島市中区中島町1-1 ¥ 무료 🕐 24시간 ❌ 연중무휴 📍 **원폭 돔** 34.395486, 132.453585, **평화기념공원** 34.394156, 132.451816

400여 년 역사의 아름다운 정원
슛케이엔 縮景園 🔊슛케에엔

1620년에 축성되어 400여 년의 시간을 담아온 유서 깊은 정원. 축성 당시에는 지역 영주의 별장 정원이었으며, 화재와 원폭으로 인해 큰 타격을 받았으나 복원에 힘을 써 지금의 형태를 유지하게 되었다. 아름다운 꽃들 사이로 살며시 얼굴을 비추는 정자 유유테悠々亭와 코코 다리跨虹橋의 풍경은 한 폭의 그림과 같다.

📍 広島県広島市中区上幟町2-11 ¥ 일반 ¥260, 고등·대학생 ¥150, 초·중학생 ¥100 🕐 3/16~9/15 09:00~18:00 (마지막 입장 17:30), 9/16~3/15 09:00~17:00(마지막 입장 16:30) ❌ 12월 29~31일 📞 082-221-3620 🏠 www.shukkeien.jp 📍 34.399374, 132.467084 🔍 슛케이엔

히로시마식 오코노미야키의 정석
핫쇼 八昌 ◀)) 핫쇼

히로시마 오코노미야키를 대표하는 음식점. 현지인, 여행자 할 것 없이 큰 인기를 누리며 연일 문전성시를 이룬다. 오코노미야키를 만들 때 20~30분이 소요될 만큼 정성스럽게 구워내는데, 그래서인지 양배추의 수분이 넘쳐 질척거리지 않고, 식감 또한 겉은 바삭하고 속은 촉촉하다. 카운터에 앉으면 오코노미야키를 만드는 모습을 가까이서 지켜볼 수 있다.

📍広島県広島市中区幟町14-17 ✕ 오코노미야키お好み焼き ¥770~ 🕐 10:00~15:00(마지막 주문 14:30)/월요일, 둘째·넷째 일요일 📞 082-224-4577 🎯 34.393816, 132.466436 🔍 R of GRANDE(건너편에 위치)

> **TIP** 히로시마식 오코노미야키는 다르다
>
> 오코노미야키는 오사카大阪의 향토 음식으로 알려져 있지만 히로시마 지역민의 솔 푸드이기도 하다. 겉으로는 비슷해 보이지만 실은 조리 방식과 속 재료가 다르며 맛도 확연히 차이가 난다. 오사카식 오코노미야키는 반죽과 속 재료를 모두 섞어 굽고, 히로시마식은 반죽을 크레이프처럼 동그랗게 구운 다음 그 위에 구운 양배추, 돼지고기나 새우 등의 주재료, 우동이나 소바면, 다시 반죽을 차례대로 올려 완성한다. 속 재료도 오사카에서는 주재료와 양배추가 기본이라면, 히로시마에서는 소바나 우동 같은 면과 채소가 기본이다. 소스의 경우 오사카는 매운맛, 히로시마는 달달한 맛을 선호하며, 반죽은 오사카가 단단하다면 히로시마는 말랑함에 가깝다. 채썬 양배추 길이도 다를 만큼 하나하나 따져보면 큰 차이가 있다.

에키마에 히로바 駅前ひろば ◀)) 에키마에히로바

오코노미야키 테마파크

오로지 오코노미야키 하나만 내세운 전문 푸드코트가 JR 히로시마역 앞에 있다. 히로시마의 전통방식으로 만든 오코노미야키부터 새롭게 창작한 신식까지 다양한 종류를 선보인다. 히로시마 각지의 노포부터 인기 음식점까지 총 15개 업체가 입점해 있어 어느 곳을 가도 만족할 만한 맛이다. 시간 여유는 없지만 오코노미야키를 반드시 먹고 싶다면 이곳으로 가자.

📍広島県広島市南区松原町10-1 広島フルフォーカスビル6F(Full Focus 빌딩 6층) ✕ 오코노미야키お好み焼き ¥680~ 🕐 10:00~23:00 ⊗ 연중무휴 📞 082-568-7890 🏠 www.ekimae-hiroba.jp 🎯 34.396951, 132.473046 🔍 Ekimae Hiroba

신이 머무는 신비의 섬
미야지마
宮島

교토京都의 아마노하시다테天橋立, 미야기宮城의 마츠시마松島와 함께 일본의 3대 절경으로 불리는 곳으로 섬 전체가 일본 국가 지정 특별 명승지. 유네스코 세계 문화유산으로 등재된 이츠쿠시마 신사 덕분에 오래전부터 신의 섬으로 추앙받았으며 좋은 기운이 전해지는 곳으로도 이름나 있다. 일본 전국에서 손꼽히는 특산품을 다수 생산하는 곳으로도 유명해 눈과 입을 동시에 사로잡는 재주 많은 섬이다.

미야지마

베스트 시즌

4월 상순~중순

관광안내소

· **주소** 広島県廿日市市宮島口1-11-1
· **시간** 09:00~18:00
· **휴무** 연중무휴

찾아가기

Access

○ 인천 국제공항

　직항 ◷ 1시간 40분

○ 히로시마広島 공항

　공항버스 ◷ 약 45분

○ JR 히로시마広島역 앞

　기차 ◷ 약 30분

○ JR 미야지마구치宮島口역

Streetcar

○ 히로덴広電 히로시마広島역

　노면 전차 ◷ 약 60분

○ 히로덴広電 미야지마구치宮島口역

미야지마
상세지도

JR 미야지마구치역 🚃 히로덴 미야지마구치역 🚃 🛳 미야지마구치 여객 터미널

● 테마 01. 오토리이가 보이는 풍경

● 테마 02. 오모테산도 상점가 산책

● 테마 03. 사슴 친구들과 포토타임

● 테마 04. 붕장어 먹고 커피 한 잔

이츠쿠시마섬 전체

이츠쿠시마섬

미야지마에선 어떻게 이동할까

미야지마까지 가는 과정은 다소 번거로우나 섬에 도착한 후에는 이동 방법을 염려할 필요가 없다. 〈리얼 일본 소도시〉에서 소개한 미야지마의 명소는 걸어서도 충분히 이동할 수 있는 거리에 있기 때문. 맛집으로 향하는 도중 언덕길이 있지만 경사가 완만하고 소요 시간도 길지 않다.

＊2023년 10월부터 미야지마 방문세 1인당 ¥100 징수

TIP 페리 타고 미야지마로

○ 미야지마구치 여객 터미널
　JR니시니혼미야지마 페리 JR西日本宮島フェリー ⏱10분
○ 미야지마산바시宮島桟橋 여객 터미널

◉ 미야지마구치 여객 터미널 広島県廿日市市宮島口1-11-6, 미야지마산바시 여객 터미널 広島県廿日市市宮島町胡町 ¥편도 일반 ¥180, 어린이 ¥90
🏠 jr-miyajimaferry.co.jp

히로시마 공항 ✈
JR 히로시마역 🚉

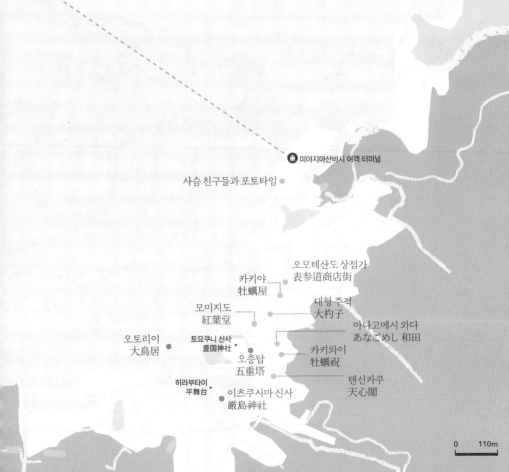

페리 노선

🚢 미야지마산바시 여객 터미널

사슴 친구들과 포토타임

오모테산도 상점가
表参道商店街

카키야
牡蠣屋

대형 주걱
大杓子

모미지도
紅葉堂

아나고메시 와다
あなごめし 和田

오토리이
大鳥居

토요쿠니 신사
豊国神社

카키와이
牡蠣祝

오층탑
五重塔

텐신카쿠
天心閣

히라부타이
平舞台

이츠쿠시마 신사
厳島神社

0　　110m

THEME 01

바다 위 신사의 문
오토리이를 감상하는 3가지 시점

미야지마를 방문했다면 이츠쿠시마 신사부터 들러보자. 신사 입구에 떠 있는 붉은 오토리이大鳥居를 다각도로
감상하는 것만으로도 신비로운 경험이기 때문! 장소에 따라 묘하게 달라지는 풍경이 참으로 매력적이다.

미야지마의 상징
이츠쿠시마 신사 厳島神社 ◀)) 이츠쿠시마진자

마치 바다와 한 몸이 된 듯 잔잔한 물 위에 덩그러니 떠 있는 오토리이의 풍경이 신비로움을 자아내며 세계적인 인기를 얻고 있는 신사. 한국에는 덜 알려져 있지만 방문객의 절반이 서방국가에서 여행 온 이들이라 해도 무방할 만큼 일본 필수 관광지로 언급되는 곳이다. 1,400년 전 헤이안平安 시대의 대표적인 건축 양식이자 호화로움의 결정체였던 신덴즈쿠리寝殿造り를 확립한 건축물로, 바다를 부지로 사용한 과감함과 배치 구성의 독창성이 높이 평가받고 있다.

📍 広島県廿日市市宮島町1-1(페리 선착장에서 도보 10분) ¥ 신사 일반 ¥300, 고등학생 ¥200, 초·중학생 ¥100/ 보물관 일반 ¥300, 고등학생 ¥200, 초·중학생 ¥100/ 공통 입장권 일반 ¥500, 고등학생 ¥300, 초·중학생 ¥150 🕐 3월~10월 14일 06:30~18:00, 1월·2월·10월 15일~11월 06:30~17:30, 12월 06:30~17:00 ❌ 연중무휴 📞 0829-44-2020 🏠 www.itsukushimajinja.jp
📍 34.297291, 132.320251

함께 들르면 좋은 곳

오층탑 五重塔 ◀)) 고쥬토오

편백나무 껍질로 만든 검은 지붕들과 주홍색으로 물든 기둥의 강한 대비가 인상적인 높이 27.6m의 오층탑도 미야지마를 빛내는 건축물. 일본 국가 지정 중요 건축물로 1407년에 건립된 것으로 전해진다. 토요쿠니 신사豊国神社 안에 위치하며 이츠쿠시마 신사에서 도보 3분 거리로 가깝다.

📍 広島県廿日市市宮島町1-1
📍 34.297219, 132.320736

오토리이 뷰포인트 3

01 바닷가에서

오토리이를 가장 가까이서 볼 수 있는 방법은 바로 직접 걸어가는 것이다. 이 부근은 입장료를 내고 신사로 들어가지 않아도 둘러볼 수 있으며, 물이 빠진 간조에는 오토리이를 직접 만질 수 있다. 물이 있고 없음에 따라 분위기도 달라지므로 시간대를 잘 맞추어 두 풍경 모두 감상하자.

TIP 간조와 만조 시간 체크

매일 시간대별로 수위를 알려주는 웹사이트(www.miyajima.or.jp/sp/sio.html)를 운영하고 있으므로 방문 전에 확인하자.

02 페리에서

미야지마를 방문하기 위해 반드시 이용해야 하는 교통수단. 설렘을 안고 탑승한 선상에서 서서히 존재감을 드러내는 오토리이를 감상하는 것도 소소한 재미다. 페리 오른편에 자리 잡는 것을 추천.

📍広島県廿日市市宮島口1-11-6(미야지마구치 여객 터미널) ¥ 편도 일반 ¥180, 어린이 ¥90 🕐06:25~22:42 📞0829-56-2045

TIP 오토리이 편을 노려라

매일 오전 9시 10분부터 오후 4시 10분까지는 오토리이에 한층 더 접근해 선착장으로 향하는 오토리이 편大鳥居便을 운행한다. 일반 편과 마찬가지로 소요시간은 10분. 이왕이면 이 시간대에 맞춰 탑승하는 것이 좋다.

03 신사 경내에서

경내 어디에서 바라보아도 빼어난 풍광을 자랑하지만, 오토리이를 정면에서 바라볼 수 있는 히라부타이平舞台는 그중 베스트 오브 베스트. 239개 기둥이 지탱하는 168평의 널따란 목조 마루의 탁트인 풍경을 배경으로 기념사진을 찍기에도 제격이다.

먹고 사고 즐기고
오모테산도 상점가 어슬렁 산책

오모테산도 상점가表参道商店街는 페리 선착장과 이츠쿠시마 신사 사이에 위치한 300m 정도의 거리다.
그다지 크진 않지만 미야지마를 상징하는 자랑거리와 특산품이 가득하다. 이 지역의 싱싱한 재료로 만든 길거리 음식으로
허기진 배를 달래기에 그만이며, 귀여운 기념품을 구매하기에도 좋다. 오래된 맛집과 멋스러운 카페들도 자리하고 있다.

📍広島県廿日市市宮島町739 🕐가게마다 다름 🎯34.299008, 132.321825 🔎Miyajima Omotesando

◆ 반드시 즐겨야 할 3종 세트 ◆

굴구이 焼き牡蠣
🔊 야키카키

일본 전국 생산량 1위에 빛나는 히로시마현의 대표적인 먹거리. 굴구이가 빠진 미야지마 관광은 그야말로 앙꼬 없는 찐빵과도 같다. 큼지막하고 오동통한 살과 탱글탱글한 식감이 입맛을 돋운다.

추천 맛집 **카키야 牡蠣屋**
📍 広島県廿日市市宮島町539 🕐 10:30 ~17:00 ❌ 연중무휴 📞 0829-44-27-47 🏠 www.kaki-ya.jp 🌐 34.298601, 132.321700 🔍 Kakiya

단풍 만주 もみじ饅頭
🔊 모미지만주

미야지마에서 시작돼 현재는 히로시마현의 명물로 전국구적 인지도를 자랑하는 단풍잎 모양의 빵. 쫄깃한 식감과 함께 팥소의 달달한 맛이 은은하게 퍼진다. 핫한 먹거리로 급부상한 튀긴 만주 '아게모미지揚げもみじ'도 먹어보자.

추천 맛집 **모미지도 紅葉堂**
📍 広島県廿日市市宮島町448-1 🕐 09:00~17:30 ❌ 부정기 📞 0829-44-2241 🌐 34.297703, 132.320839 🔍 Momijido Honten

주걱 杓子
🔊 샤쿠시

미야지마의 재미있는 사실 하나는 바로 밥주걱의 발상지라는 점이다. 예부터 일본의 전통 공예로 이름난 곳이기도 하며, 이를 후세에 알리고자 제작한 길이 7.7m, 무게 2.5톤에 달하는 대형 주걱, 오오샤쿠시大杓子가 상점가 한쪽을 장식하고 있다.

📍 広島県廿日市市宮島町412

귀엽지만 신성한
사슴 친구들과 포토타임

섬마을 주민들의 어엿한 식구이자 동네 마스코트로 자리매김한 사슴. 미야지마는 약 500마리에 이르는
귀여운 사슴 친구들의 보금자리로도 알려져 있다. 미야지마의 사슴은 옛 문헌에도 심심찮게 등장하며,
신의 사자라 불리는 신성한 존재로 여겨진다. 사람에게 스스럼없이 다가오니 그들의 행동에
방해되지 않는 선에서 자연스럽게 포토타임을 가져보자. 단, 먹이를 주는 행위는 금지되어 있다.

THEME 04

금강산도 식후경
붕장어 덮밥 먹고 커피 한잔

굴과 함께 미야지마의 대표 먹거리로 꼽히는 붕장어 덮밥ぁなごめし 역시 놓칠 수 없는 맛이다.
100년의 역사가 담긴 붕장어 덮밥으로 잔뜩 기운을 얻었다면, 자연 경관과 시원한 바닷바람을
벗 삼아 카페에서 짧은 휴식을 취해보는 것도 미야지마를 즐기는 최고의 방법이다.

아나고메시 와다 あなごめし 和田 ◀)) 아나고메시와다

단 하나의 메뉴는 붕장어 덮밥

'해산물의 보물창고'라 불리는 세토 내해瀬戸内海와 인접한 히로시마현은 싱싱한 붕장어가 많이 잡히는 것으로 유명하다. 미야지마의 자랑 아나고메시あなごめし, 즉 붕장어 덮밥은 어부들이 고기잡이 중 만들어 먹은 것, 그 시작이라 한다. 붕장어의 머리와 뼈로 만든 육수와 간장을 혼합해 지은 밥 위에 숯불로 구운 붕장어를 올려 먹는 것으로 100년이 훌쩍 넘는 시간 동안 사랑받고 있는 향토 음식이다.

아나고메시 와다는 붕장어 덮밥 단 한 가지만 판매하는 음식점이다. 달달하지만 깔끔한 맛을 내는 소스가 이곳만의 자랑. 꼬불꼬불 골목길에 조용히 자리해 눈에 띄진 않지만 커다란 주걱 간판과 문을 열기 전부터 줄을 선 대기 행렬 덕에 의외로 찾기 쉽다.

📍 広島県廿日市市宮島町424 ¥ 붕장어 덮밥あなごめし ¥2,500 🕚 11:00~15:00(준비된 재료 소진 시 종료) ❌ 화·목요일 📞 0829-44-2115 📷 34.297231, 132.321662 📍 Wada Miyajima

카키와이 牡蠣祝 ◀)) 카키와이

오층탑 풍경에 디저트 한입

미야지마의 또 하나의 심벌인 오층탑과 아름다운 바닷가 풍경이 그림같이 펼쳐지는 테라스석이 큰 인기를 끌고 있는 카페. 일본 전국에서 1위 생산지인 히로시마산 레몬을 재료로 세련된 플레이팅이 돋보이는 디저트 메뉴를 선보인다.

📍 広島県廿日市市宮島町422 ￥ 히로시마 레몬케이크 세트広島レモンケーキセット ¥1,080 🕐 12:00~16:30 ❌ 목요일 🏠 www.kakiwai.jp 🌐 34.297065, 132.321614 📍 Kakiwai

텐신카쿠 天心閣 ◀)) 텐신카쿠

모던한 고택에서 즐기는 커피 한잔

전통 가옥을 개조한 모던한 내부 인테리어와 일본 전통 양식의 작은 정원이 반기는 카페. 좁다란 계단을 따라 쭉 올라가다 더 이상 갈 곳이 없을 때쯤 살며시 모습을 드러내는 숨은 맛집이다. 자가 배전한 스페셜티 커피와 함께 디저트를 즐겨보자.

📍 広島県廿日市市宮島町413 ￥ 카페라테カフェラテ ¥600, 치즈케이크 세트チーズケーキセット 음료값+¥450 🕐 13:00~16:30 ❌ 수·목요일 📞 0829-44-0611 🏠 itsuki-miyajima.com/shop/tenshinkaku 🌐 34.296513, 132.321479 📍 Tenshinkaku

봄이 오면 바다 마을 산책
오노미치
尾道

문학, 영화, 그림 등 예술 분야에 다양한 영향을 끼쳐 전국적인 인지도를 가진 오노미치. 자그마한 동네에 유독 유서 깊은 사찰이 많고 굽이굽이 언덕길로 이루어져 '절 마을' 또는 '언덕 마을'로 불리며, 이곳을 대표하는 명소 역시 대부분이 절, 언덕과 관련되어 있다. 옛 향수를 풍기는 정취 속 귀여운 고양이가 소소하게 등장하는 것도 이곳을 만끽하는 재미 중 하나. 귀여운 마을로 지금 당장 고고~.

오노미치

베스트 시즌

사계절 언제나

관광안내소

· **주소** 広島県尾道市東御所町1-1
· **시간** 09:00~18:00
· **휴무** 12월 29~31일

찾아가기

Access

○ 인천 국제공항

⋮ 직항 ⓧ 1시간 40분

○ 히로시마広島 공항

⋮ 고속버스 ⓧ 55분

○ JR 전철 오노미치尾道역

Train

○ JR 히로시마広島역

⋮ 기차 ⓧ 56분~2시간 3분

○ JR 전철 오노미치尾道역

오노미치
상세지도

◀ ✈ 히로시마 공항

◀ 🚃 JR 히로시마역

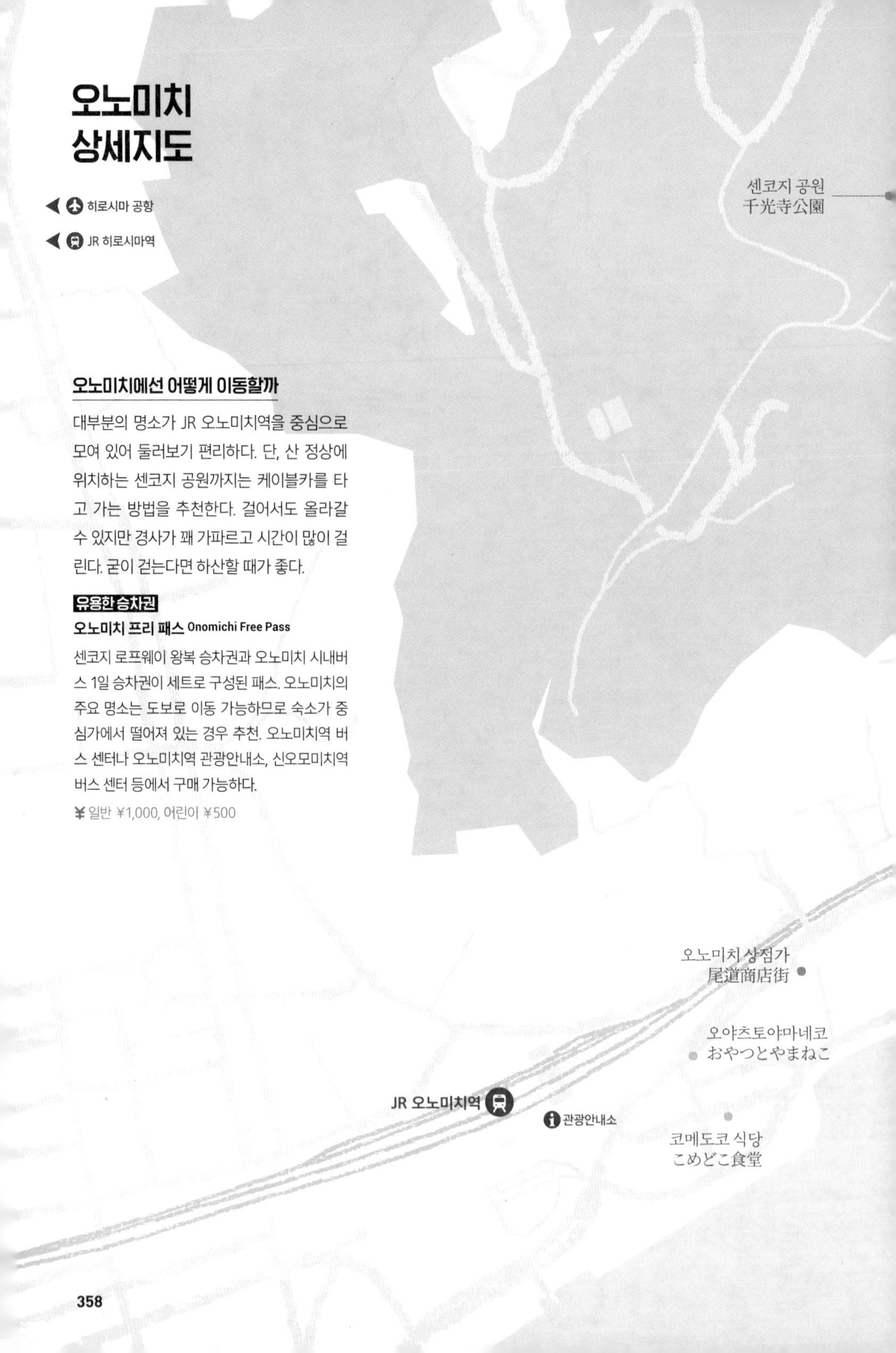

센코지 공원
千光寺公園

오노미치에선 어떻게 이동할까

대부분의 명소가 JR 오노미치역을 중심으로
모여 있어 둘러보기 편리하다. 단, 산 정상에
위치하는 센코지 공원까지는 케이블카를 타
고 가는 방법을 추천한다. 걸어서도 올라갈
수 있지만 경사가 꽤 가파르고 시간이 많이 걸
린다. 굳이 걷는다면 하산할 때가 좋다.

유용한 승차권
오노미치 프리 패스 Onomichi Free Pass

센코지 로프웨이 왕복 승차권과 오노미치 시내버
스 1일 승차권이 세트로 구성된 패스. 오노미치의
주요 명소는 도보로 이동 가능하므로 숙소가 중
심가에서 떨어져 있는 경우 추천. 오노미치역 버
스 센터나 오노미치역 관광안내소, 신오모미치역
버스 센터 등에서 구매 가능하다.

¥ 일반 ¥1,000, 어린이 ¥500

오노미치 상점가
尾道商店街 ●

오야츠토야마네코
● おやつとやまねこ

JR 오노미치역 🚃　ℹ 관광안내소

코메도코 식당
こめどこ食堂

센코지 공원 전망대
千光寺公園展望台

로프웨이

우시토라 신사 艮神社

센코지야마 로프웨이 매표소&역

센코지야마
로프웨이역

센코지
千光寺

네코노호소미치
猫の細道

텐네지 天寧寺

아쿠비 카페
あくびカフェ

호도지
宝土寺

어라운드
AROUND

● 테마 01. 오노미치의 산책길

● 테마 02. 레트로 감성 맛집

언덕길 따라 고양이 따라
오노미치의 사랑스런 산책길

항구 도시 오노미치는 골목골목 사랑스러운 풍경과 마주할 수 있는 작은 마을이다.
언덕 위 사찰로 향하는 골목에는 벚꽃이 흐드러지고, 길고양이가 사는 골목에선 고양이 그림이 그려진
돌을 찾는 재미가 있다. 제2차 세계 대전 당시 전화를 면해 일본의 옛 모습도 곳곳에 남아 있다.

센코지 공원 千光寺公園 🔊 센코오지코오엔

로프웨이 타고 가는 길

산 중턱에 있는 오노미치의 랜드마크. 806년 헤이안平安 시대의 승려 쿠우카이空海가 창건한 사찰 '센코지千光寺'가 있는 산 정상에 전망대를 세우면서 공원으로 조성했다. 산길을 따라 센코지를 거쳐 천천히 걸어서 올라가도 되지만 단숨에 정상 부근까지 다다를 수 있는 로프웨이를 이용하는 것이 정석. 꽃이 만발한 경내를 둘러보거나 바다와 어우러진 마을 풍경을 내려다보는 것이 최고의 즐길거리다. 일본 벚꽃 명소 100선에 선정되었을 만큼 벚꽃이 아름답다.

📍 広島県尾道市東土堂町15-1 ¥ 무료 🕐 24시간 ❌ 연중무휴
📞 0848-23-2310 🏠 www.senkouji.jp 🎯 34.410711, 133.196940

오노미치의 소박한 액티비티
로프웨이 ロープウェイ 🔊 로오프웨이

센코지 공원이 있는 정상까지 3분 만에 도달할 수 있는 케이블카. 세토우치瀬戸内 연안과 오노미치의 전경이 훤히 보인다. 주말과 공휴일에는 깨나 오래 기다려야 할 정도로 인기가 높아 편도만 이용하는 것도 방법.

📍 広島県尾道市東土堂町20-1 ¥ 중학생 이상 편도 ¥500, 왕복 ¥700/ 초등학생 이하 편도 ¥250, 왕복 ¥350(미취학 아동은 동반자 1인당 1인 무료) 🕐 09:00~17:15 ❌ 연중무휴
📞 0848-22-4900 🏠 www.mt-senkoji-rw.jp
🎯 34.410684, 133.201462 📍 산로쿠 오노미치

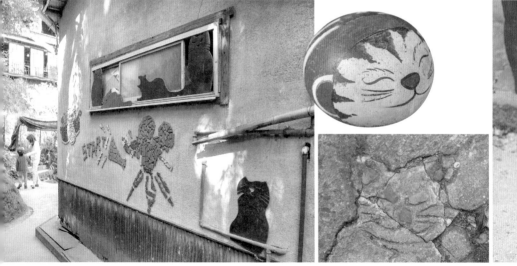

길고양이와 돌고양이가 사는 길
네코노호소미치 猫の細道 ◆)) 네코노호소미치

우시토라 신사民神社에서 텐네지天寧寺 삼층탑까지 이어지는 좁은 골목길이 한 예술가의 손을 통해 고양이들의 작은 왕국으로 탄생했다. 길 곳곳에 귀여운 고양이가 그려진 돌을 놓기 시작하면서 어느새 길고양이들의 터전이 된 이 길은 오노미치의 상징이 되었다. 많은 인파가 좁다란 길을 오가지만 조심스럽게 둘러보아 보존이 잘되어 있다. 길에는 고양이 친구 10여 마리가 살고 있는데, 운이 좋으면 만나볼 수 있다.

♀ 広島県尾道市東土堂町 ♠ www.ihatov.in
◎ 34.410451, 133.199818

호도지 宝土寺 ◀) 호도지

언뜻 보기엔 아주 평범한 작은 절이지만 봄이 되면 벚꽃이 흐드러지는 장소로 변신한다. 아련한 감성에 젖어 벚꽃을 바라보기만 해도 힐링이 되는 곳. 현지인이 아니면잘 모르는 곳이라 예쁜 풍경을 맘껏 누릴 수 있다는 것이 장점. 인근에 자리한 카페에서는 호도지의 벚꽃을 감상하며 휴식을 취할 수 있다.

◉ 広島県尾道市東土堂町10-3 ￥ 무료 ◷ 24시간 ✖ 연중무휴 ☎ 0848-22-4085
◉ 34.408274, 133.199303

오노미치 상점가 尾道商店街 ◀) 오노미치쇼오텐가이

과거로 떠나는 길

JR 전철 오노미치역을 빠져나와 주요 관광지로 향하는 길목에서부터 동서로 길게쭉 뻗은 상점가에는 오노미치의 과거를 회상할 수 있는 풍경이 펼쳐진다. 실제로 옛거리의 향수를 느끼고 싶을 때 방문하는 이도 적지 않다고. 하나의 지붕을 공유하며잡화점, 문구점, 정육점, 베이커리 등 다양한 가게로 변신한 현재의 아케이드 상점가를 거닐며 경험해보지 않은 과거를 느껴보자.

◉ 広島県尾道市土堂1-3-3 ◷ 가게마다 다름 🏠 www.okaimonomichi.com
◉ 34.405789, 133.195657

레트로 감성 가득
오노미치의 소박한 맛집

오노미치에서 즐기는 식사와 후식은 마을의 분위기처럼 정갈하다.

재료부터 플레이팅까지 신경 쓴 식사, 산책길의 피로를 달콤하게 풀 수 있는 푸딩,

향기까지 신선한 커피. 감성 가득한 공간이 이 모든 걸 특별하게 만든다.

아쿠비 카페 あくびカフェ ◀)) 아쿠비카훼　　　　　　　　　　레트로 감성 카페에서 점심을

상점가 안에 조용히 자리한 카페. 여행과 학교를 테마로 한 복고 감성 물씬한 인테리어가 특징이다. 플레이팅 역시 급식을 연상케 하도록 신경 썼다. 소 힘줄을 넣어 만든 일본식 카레와 자가 배전한 커피를 간판 메뉴로 내세운다. 일본식 카레 플레이팅은 오노미치가 위치하는 세토우치瀬戸内 연안을 형상화했다고 한다.

📍広島県尾道市土堂2-4-9 ￥カレーライスカリーライス ¥990 🕐월~금요일 11:00~18:00 (마지막 주문 17:30), 토·일·공휴일 11:00~17:00(마지막 주문 16:30) ✕ 목요일 📞050-5240-3127 🏠 anago.onomichisaisei.com 🌐 34.409260, 133.202091 📍Akubi Cafe

코메도코 식당 こめどこ食堂 ◀)) 코메도코쇼쿠도오　　　　　　　　깔끔하고 정갈한 정식

엄선한 제철 채소를 사용해 재료 본연의 맛을 살린 정식이 메인인 음식점. 창가 테이블에 앉으면 오노미치의 소박한 바다 풍경을 바라보며 음식을 즐길 수 있다. 생선, 햄버그스테이크, 치킨, 카레 중 메인을 골라서 미니 코스 요리로 제공하는 코메도코 정식이 인기. 히로시마의 채소들로 구성한 반찬과 후식으로 주는 차까지 즐길 수 있다.

📍広島県尾道市東御所町5-2 ￥코메도코 정식こめどこ定食 ¥1,400
🕐화~토요일 11:00~14:00, 17:00~22:00(마지막 주문 21:30), 일요일 11:00~14:00, 17:00~21:30(마지막 주문 21:00) ✕월요일 📞0848-36-5333 🏠 komedokoshokudo.gorp.jp
🌐 34.404798, 133.195073 📍Yamaneko Mill

오야츠토야마네코 おやつとやまねこ 🔊 오야츠토야마네코

부드러운 간식 타임

깜찍한 고양이 그림이 그려진 오노미치 푸딩尾道プリン이 큰 인기를 얻고 있는 디저트 전문점. 항상 대기 행렬을 이루지만 얼마 기다리지 않아 차례가 오므로 포기하지 말자. 히로시마 인근에서 재배한 레몬 시럽을 뿌려 먹으면 더욱 맛있다. 자신이 먹은 컵은 기념품으로 가져갈 수 있다.

📍 広島県尾道市東御所町3-1 🍴 오노미치 푸딩尾道プリン ¥380 🕐 11:00~19:00 ❌ 월요일(공휴일인 경우 다음 날 휴무) 📞 0848-23-5082 🏠 www.ittoku-go.com/oyatsu/01.html 📷 34.405177, 133.194760 📍 Pizzeria Tranquillo(옆에 위치)

어라운드 AROUND 🔊 아라운도

산책길의 커피 한잔

옛 감성이 묻어나는 상점가에 소리 소문 없이 나타나 청춘들을 열광케 하는 멋스러운 분위기의 커피 스탠드. 자가 배전 커피 전문점의 자매점으로, 계절에 맞춰 선정한 원두를 사용한 정통 에스프레소 커피를 제공하며, 특히 라테 음료가 인기다. 가게 내부에 마련된 커피 자판기에서 따뜻한 커피와 차가운 커피를 뽑아 마실 수도 있다는 점이 재미있다.

📍 広島県尾道市土堂1-8-12 🍴 カフェラテカフェラテ ¥500, 자판기 핫 커피 ¥250
🕐 월·목요일 12:00~17:00, 금~일요일 11:00~17:00 ❌ 화·수요일 📞 0848-38-2330
🏠 www.around-coffeestand.jp 📷 34.406748, 133.198550 📍 Coffee Stand Around

일본의 사막을 즐기는 방법
톳토리 사구
鳥取砂丘

보통 사막은 장시간의 비행을 거쳐 도달한 머나먼 이국 땅에서나 볼 수 있는 풍경이다. 그런데 도심에 떡하니 사막이 자리하고 있다면 믿을 수 있겠나. 심지어 인간이 생활하는 주택가에서 도보 20분 거리에 말이다. 이 놀라운 풍경의 주인공은 자연환경이 풍부하면서도 쾌적한 생활을 누릴 수 있어 일본인이 가장 살고 싶어 하는 시골 1위로 꼽힌다는 톳토리다.

톳토리 사구 여행의 시작

톳토리 시내 중심가에서 그리 멀지 않은 곳에 있는 톳토리 사구는 그 크기가 무려 동서 16km, 남북 2.4km, 최대 높이 90m에 달한다. 중국에서 흘러내려온 강과 바람이 싣고 온 모래가 10만 년이라는 긴 시간 동안 조금씩 축적되면서 웅장하고 거대한 사막 언덕이 형성되었다 한다. 갑작스럽게 짠하고 나타나는 사막의 풍경은 상상하던 모습 그대로지만 참으로 비현실적이다. 사막 한가운데 생긴 웅덩이도 신기루의 오아시스를 보는 듯하다. 인근 해안에서 불어오는 바람에 의해 모래 위에 생기는 무늬 역시 신비롭고 아름다운 풍경을 만들어낸다.

📍 鳥取県鳥取市福部町湯山2164-661 ¥ 무료
🕐 24시간 ❌ 연중무휴 📞 0857-39-2111
🏠 www.tottori-guide.jp/sakyu 🔗 35.541140, 134.228755

Access

○ **인천 국제공항**

　직항 🕐 1시간 30분

● **요나고키타로米子鬼太郎 공항(운휴 중)**

　JR 전철 요나고米子역에서 1회 환승 🕐 2시간

● **JR 전철 톳토리鳥取역**(JR 톳토리역 앞 0번 버스 정류장)

　루프키린시시버스ループ麒麟獅子バス
　🕐 20분 ¥ 일반 ¥300, 어린이 ¥150 혹은
　버스 🕐 20분 ¥ 일반 ¥380, 어린이 ¥190

● **톳토리 사구**

산책도 하고 액티비티도 즐기고
톳토리 사구를 경험하는 방법

톳토리 사구는 사계절 다른 얼굴로 여행자를 맞이한다. 사막 위 물결 모양을 따라
조용히 거니는 사람들, 낙타나 샌드 보드를 타는 사람들, 모래성을 쌓고 허무는 아이들,
그 위를 떠도는 패러글라이더까지, 일본의 사막을 경험하는 방법은 다양하다.

사구 센터 미하라시노오카 砂丘センター 見晴らしの丘 ◀)) 사큐우센타아미하라시노오카 　　사막의 오아시스 같은 곳

톳토리 사구를 본격적으로 즐기기에 앞서 들르면 좋은 휴게소 개념의 휴식 공간이다. 톳토리의 특산물로 만든 음식을 제공하는 푸드코트, 특산품과 기념품을 판매하는 매점, 톳토리 사구 풍경을 감상할 수 있는 테라스, 센터와 톳토리 사구 사이를 이어주는 관광 리프트까지 다양한 즐길 거리가 모여 있다. 센터를 즐기는 흐름은 대략 이렇다. 우선 센터에 도착해 인근 해안에서 잡은 특산물 '게'를 듬뿍 사용한 음식들로 배를 채운 다음 테라스에 올라 톳토리 사구를 살짝 느껴본다. 본격적인 사막 관광을 떠나기 위해 리프트에 탑승! 사막을 실컷 즐긴다. 다시 리프트를 타고 센터로 돌아와 매점에서 기념품을 쇼핑하며 톳토리의 대표 과일인 '배'로 만든 아이스크림을 먹는다. 그 후 센터 앞 버스 정류장에서 버스를 타고 톳토리역으로 돌아가면 된다.

📍 鳥取県鳥取市福部町湯山2083
¥ 리프트 ¥왕복 일반 ¥400(편도 ¥300),
초등학생 이하 ¥300(편도 ¥200)
🕐 08:30~16:00(리프트는 09:30~16:00)
❌ 연중무휴 📞 0857-22-2111
🏠 www.tottorisakyu.com/center
📍 35.541454, 134.238879

스나바 커피 すなば珈琲 ◀)) 스나바코오히 　　톳토리의 스타벅스

2014년까지 일본의 47개 행정구역 가운데 스타벅스가 없는 유일한 지역이 톳토리였다. 이를 두고 당시 현 지사는 "톳토리에 스타바スタバ, 스타벅스를 일컫는 일본어 약자는 없지만 스나바砂場, 모래사장은 있다"라고 말했는데, 이 발언을 참고로 한 향토 기업이 창업한 카페가 바로 스나바 커피다(참고로 스타벅스는 2015년 톳토리에 첫 지점을 냈다). 톳토리 사구의 모래로 배전한 커피가 특징. JR 톳토리역 부근의 3곳을 비롯해 톳토리에 9개 지점을 운영 중이다.

📍 鳥取県鳥取市栄町706 ¥ 스나야키 커피砂焼きコーヒー ¥440 🕐 월
~금요일 09:00~16:00(마지막 주문 15:30), 토·일·공휴일 08:00~20:00(마
지막 주문 19:30) ❌ 둘째·넷째 주 수요일 📞 0857-27-4649 🏠 www.
sunaba.coffee 📍 35.495148, 134.227044

리얼 일본 소도시

PART

06

즐겁고 설레는 여행 준비하기

일본 기본 정보

국가명	수도	인구	언어
일본 日本	도쿄 東京	1억 2463만명 (2023년 2월 기준)	일본어

비자

관광 목적으로 입국 시 최대 90일까지 무비자로 체류 가능하다.

시차

한국과 시차는 없다.

통화

¥(엔)

* ¥100 = 약 980원 (2023년 5월 기준)

국가번호

81

면적

377,915km²

지리

홋카이도北海道, 혼슈本州, 시코쿠四国, 큐슈九州 등 4개의 큰 섬으로 이루어진 일본 열도日本列島와 이즈·오가사와라 제도伊豆·小笠原諸島, 치시마 열도千島列島, 류큐 열도琉球列島로 구성된 섬나라.

전압

100v

멀티어댑터(A타입 플러그) 필요

일본의 주요 공휴일과 이벤트

시기	1월	2월	3월	4월	5월
계절	겨울 12월~2월		봄 3월~5월 중순		
공휴일 및 큰 행사	·1월 1일 설날 ·1월 둘째 주 월요일 성인의 날	·2월 2일 세츠분(節分) ·2월 11일 건국기념일 ·2월 23일 일왕탄생일	·3월 3일 히나마츠리 (ひな祭り) ·양력 3월 21일경 춘분(春分)의 날	·4월 29일 쇼와(昭和)의 날	·5월 3일 헌법기념일 ·5월 4일 녹색의 날 ·5월 5일 어린이날 ·5월 9일 어머니의 날
연휴 및 휴가철	겨울방학 12월 하순~1월 상순 연말연시 휴가 12월 하순~1월 상순		봄방학 3월 상하순~4월 상순		골든위크 4월 하순~5월 상순
주요 이벤트	겨울 세일 시작		·학교 졸업식(卒業式) ·벚꽃놀이(お花見)	·학교 입학식(入学式) ·회사 입사식(入社式)	

여행 캘린더와 이벤트

일본 여행을 피해야 할 시기

일본의 주요 장기 휴가 시기는 4월 하순부터 5월 상순으로 이어지는 긴 연휴 기간인 골든위크ゴールデンウィーク, 일본의 명절 중 하나로 양력 8월 15일 전후 4일간 보내는 오봉ぉ盆, 9월 하순의 연휴 기간인 실버위크シルバーウィーク, 12월 말부터 1월 초까지의 연말연시다. 이 시기는 귀성길에 오르거나 일본 국내 여행을 떠나는 이들이 폭발적으로 늘어나 숙박 시설과 교통편 수요가 증가하므로 요금이 평소의 2~3배 이상 폭등한다. 관광 명소와 맛집, 상업 시설에도 많은 인파가 몰려들기 때문에 대기 시간이나 혼잡한 풍경으로 인해 평소보다 피로도가 높아질 수 있다.

일본 여행을 권장하는 시기

일본 국내 여행자가 급격하게 줄어드는 비수기는 골든위크가 끝나는 5월 상순부터 7월 연휴 직전인 둘째 주까지, 1월 연휴 직후인 셋째 주부터 졸업식 시즌이 시작되기 직전인 3월 상순까지가 대표적이다. 날씨가 쾌적하고 덥지 않아 돌아다니기 좋은 5~7월 사이가 숙박 요금도 비교적 저렴하고 교통편도 예약하기 좋으며 관광객도 적어 여행하기 가장 좋은 시기라 할 수 있다.

다양한 이벤트가 펼쳐지는 주요 행사

2월 | 세츠분節分 입춘 전날. 환절기에 걸리기 쉬운 각종 질병과 재해를 귀신에 비유해 콩을 뿌리며 '귀신은 밖으로 나가고, 복은 우리에게 들어오라'며 쫓아내는 의식을 펼친다. 행사가 끝나면 자기 나이 수만큼 콩을 먹는데, 이로써 몸이 건강해진다고 믿는다.

3월 | 히나마츠리 ひな祭り 여자아이의 건강한 성장과 행복을 기원하는 날. 나쁜 기운으로부터 아이를 지켜주는 복숭아 꽃과 히나 인형ひな人形을 장식하며 초밥의 일종인 치라시즈시ちらし寿司와 대합 요리를 먹는 풍습이 있다.

7월 | 칠석七夕 견우와 직녀가 1년에 한 번 만나는 칠석은 일본에서도 큰 의미를 두며 축제를 열어 기념한다. 양력 7월 7일 밤이 되면 소원을 적은 색종이를 접거나 장식을 만들어 대나무 잎에 매단 다음 원하는 일이 이루어지기를 기도한다.

11월 | 시치고산七五三 아이의 건강과 성장을 기원하고 축복하는 행사로 여자아이는 3세와 7세, 남자아이는 5세가 되는 해에 치른다. 일본 전통 의복인 기모노를 입고 신사를 참배하거나 기념사진을 찍는 풍경을 볼 수 있다.

빨간색 공휴일　파란색 이벤트

6월	7월	8월	9월	10월	11월	12월
여름 5월 하순~9월 상순				**가을** 9월 하순~11월		**겨울** 12월~2월
·6월 20일 아버지의 날	·7월 7일 칠석(七夕) ·7월 셋째 주 월요일 바다의 날	·8월 11일 산의 날	·9월 셋째 주 월요일 경로의 날 ·양력 9월 23일경 추분(秋分)의 날	·10월 둘째 주 월요일 체육의 날 ·10월 31일 할로윈데이	·11월 3일 문화의 날 ·11월 15일 시치고산(七五三) ·11월 23일 노동 감사절	·12월 25일 크리스마스
	여름방학 7월 하순~8월 하순		**실버위크** 9월 하순			**겨울방학** 12월 하순~1월 상순
		오봉ぉ盆 명절 8월 13일~15일				**연말연시 휴가** 12월 하순~1월 상순
·장마(梅雨) ·여름 세일 시작	·불꽃놀이(花火大会) ·여름 축제(ぉ祭り)	귀성(帰省)	태풍(台風)	단풍놀이(紅葉)	학교 축제(学園祭)	귀성(帰省)

기초 여행 준비

여권 준비하기

해외여행 시 반드시 챙겨야 할 준비물이 여권과 비자이다. 일본은 비자 면제 협정국으로 여행이 목적일 경우 따로 비자를 준비할 필요 없이 최장 90일까지 체류할 수 있다. 다만, 귀국편 항공권을 준비하는 등 일본에서 출국할 것임을 입증할 서류를 지참하는 것이 안전하다.

- **여권 발급 준비물** 여권 발급 신청서(접수처에 비치), 여권용 사진 1매(3.5x4.5cm, 여권 발급 신청일 6개월 이내 촬영한 사진), 신분증, 병역 관련 서류(군 미필자에 한함)
- **여권 발급 절차** 전국의 발급 기관 도시군청과 광역시 내 구청 방문(서울시청 제외) → 접수처에 비치된 신청서 작성 → 접수 → 수수료 납부 → 여권 제작 완료 시 방문 수령

여권 종류	유효기간	사증면	금액	대상
복수여권	10년	26면	50,000원	만18세 이상
		58면	53,000원	
	5년	26면	42,000원	만 8세~만18세 미만
		58면	45,000원	
		26면	30,000원	만 8세 미만
		58면	33,000원	
단수여권	1년		20,000원	1회 여행 시에만 가능
잔여 유효기간 부여			25,000원	여권 분실 및 훼손으로 인한 재발급
기재사항 변경			5,000원	사증란을 추가하거나 동반 자녀 분리할 경우

항공권 구매

저가항공의 취항으로 일본행 비행편이 증가하여 항공권 선택의 폭이 넓어졌으며 저렴한 항공권도 비교적 손쉽게 구입할 수 있게 되었다. 대한항공, 아시아나항공 등의 국적기가 가장 비싸며 일본항공(JAL), 전일본공수(ANA) 등의 일본국적기 그리고 저가항공 순으로 가격이 저렴하다. 특히 저가항공은 할인 프로모션도 자주 진행하기 때문에, 이벤트 시기를 잘 노린다면 왕복 10만~20만 원대의 항공권을 손에 넣는 일도 꿈은 아니다. 하지만 탑승 날짜가 다가올수록 어느 항공사든 가격이 상승하므로 일찍 예약해 두는 것이 좋다. 항공권은 각 항공사 홈페이지나 네이버 항공권, 스카이스캐너 같은 항공권 가격 비교 사이트를 통해 구입할 수 있다. 저가항공 프로모션은 항공사 공식 사이트에 회원가입을 하면 이메일을 통해 공지되므로 참고하자.

🏠 네이버 항공권 flight.naver.com
🏠 스카이스캐너 www.skyscanner.co.kr

숙소 예약

최근 외국인 관광객의 증가로 인해 숙소 잡기가 어려워졌다고 하나 도쿄, 오사카, 교토 같이 세계적으로 인기가 높은 여행지 외에는 여행 시작 한 달 내외에 예약하면 충분히 만족할 만한 요금에 괜찮은 숙박 시설을 이용할 수 있다. 단, 일본의 연휴 기간이나 인기 가수의 콘서트 투어가 있는 경우에는 이른 시기에 매진되어 숙소 구하기가 쉽지 않으므로 가급적 항공권보다 숙박을 우선으로 확인하고 예약을 진행하는 것이 좋다. 다음 쪽에서 숙소 예약 시 참고할 만한 지역별 추천 구역을 간략하게 안내하니 참고하자.

🏠 호텔스컴바인 www.hotelscombined.co.kr
🏠 아고다 www.agoda.com 🏠 호텔스닷컴 kr.hotels.com

교통 패스 & 입장권 구입

여행할 도시가 확실히 정해졌다면 자신에게 맞는 교통 패스를 이용해 교통비를 줄이는 것이 관건이다. 도시별로 다양한 교통 패스를 판매하고 있으므로 잘 확인하고 고르도록 하자. 일부 패스는 한국 내에서도 판매 중이며 일본에서 구입하는 것보다 저렴한 경우가 많으므로 미리 구입해서 가는 것이 좋다. 입장료 또한 교통편과 묶어서 저렴하게 이용할 수 있는 패스를 구입할 것을 추천한다. 한국 여행사나 소셜 커머스에서 저렴하게 판매하기도 한다.

🏠 JR토카이 global.jr-central.co.jp/ko 🏠 JR서일본 www.westjr.co.jp/global/kr
🏠 JR큐슈 www.jrkyushu.co.jp/korean 🏠 JR시코쿠 www.jr-shikoku.co.jp/global/kr

로밍서비스 및 포켓 와이파이, 심 카드

인터넷 사용자가 2명 이상인 경우 비교적 저렴하게 이용할 수 있는 포켓 와이파이를 추천하지만 혼자 하는 여행이라면 단독으로 사용 가능한 심 카드를 구매하거나 로밍 서비스를 이용하는 것이 좋다. 포켓 와이파이는 별도의 기기를 소지해야 하며 기기의 배터리 충전도 항상 신경 써야 한다. 또 공항에서 직접 기기를 수령하고 반납해야 하는 번거로움이 있다. 심 카드는 물리적 USIM 칩과 온라인으로 전달 받은 정보 입력만으로 개통이 가능한 eSIM 두 종류가 있다. 최근에는 QR코드만으로도 쉽게 설치가 가능한 eSIM을 많이 선호하나 지원하는 단말기 기종이 한정적이다. 로밍 서비스는 미리 준비할 필요 없이 출발 당일에도 간단하게 신청이 가능해 편리하지만 가격이 다소 비싸다는 단점이 있다.

엔화로 환전하기

일본의 화폐단위는 엔(¥, Yen)이다. 화폐는 1,000, 2,000, 5,000, 10,000엔 4종류의 지폐와 1, 5, 10, 50, 100, 500엔 6종류의 동전으로 구성되어 있다. 일본 현지에서의 카드와 간편 결제 사용이 늘어남에 따라 한국에서 무리하게 환전해가는 방식이 이제는 옛말이 되었고, 더불어 트래블로그, 트래블월렛과 같은 충전식 선불카드가 인기를 끌면서 여행지에서 필요한 금액만큼만 사전에 충전하여 사용하는 이들도 늘어났다. 충전식 선불카드는 환전 수수료가 없고 충전 당시의 매매기준율로 거래하는 것이 장점이고, 그때그때 스마트폰 앱으로 충전할 수 있기 때문에 현금을 많이 들고 다니는 부담도 줄어든다. 여행지에서 사용 예정인 금액은 충전식 선불카드에 넣어두고, 당장 필요할 때 사용할 소액만 은행 애플리케이션을 통해 환전 신청 후 가까운 은행 영업점이나 인천공항 내 은행 환전소에서 수령하면 좋다. 현지에서 현금이 더 필요하다면 앞서 말한 충전식 선불카드를 통해 ATM 출금도 가능하다. 트래블월렛은 자체 애플리케이션에서, 트래블로그는 하나카드 애플리케이션에서 각각 신청하면 된다.

지역별 숙소 추천 구역

시즈오카 静岡	교통편이 편리하고 숙소가 다수 포진된 JR 시즈오카역 부근
나고야 名古屋	교통의 편리함을 고려한다면 JR 나고야역 주변 음식점과 상업 시설이 많은 곳을 선호한다면 지하철 사카에역 주변
게로 下呂	온천 시설과 료칸이 모여 있는 JR 게로역과 게로 온천 박물관 주변
카나자와 金沢	관광 명소와 주요 브랜드 호텔이 밀집된 오미초 시장과 카나자와 21세기 미술관 사이
토야마 富山	숙박 시설이 많고 교통편도 편리한 JR 토야마역 주변
타카야마 高山	관광명소의 메인이자 숙박 시설이 많은 타카야마 진야, JR 타카야마역 인근
시모노세키 下関	숙박 시설이 많고 이동이 편리한 JR 시모노세키역 주변
키타큐슈 北九州	역세권에 다수의 숙박 시설이 밀집한 JR 코쿠라역 주변
나가사키 長崎	관광지 중심이며 숙박 시설도 모여 있는 차이나타운
쿠마모토 熊本	관광 명소와도 가까우며 숙박 시설이 많은 편인 쿠마모토성 부근
미야자키 宮崎	대부분의 명소와 연결편이 집중된 JR 미야자키역 인근
이부스키 指宿	접근성을 고려한다면 JR 이부스키역 다양한 선택지를 원한다면 JR 카고시마추오역
타카마츠 高松	숙박 시설이 밀집하여 선택지가 많은 카와라마치 지역
나오시마 直島, **테시마** 豊島, **쇼도시마** 小豆島	항구와 가까운 JR 타카마츠역 부근
마츠야마 松山	관광명소가 모여 있고 숙박 시설이 밀집한 도고 온천 주변
쿠라시키 倉敷	관광지 중심이자 숙박 시설이 많은 쿠라시키 미관 지구
미야지마 宮島	숙박 시설의 선택지가 많고 이동이 편리한 JR 히로시마역 주변
오노미치 尾道	관광지이자 숙박 시설이 모여 있는 JR 오노미치역 주변

호텔 예약사이트
- 호텔스컴바인 www.hotelscombined.co.kr
- 아고다 www.agoda.com
- 호텔스닷컴 kr.hotels.com
- 네이버 호텔 hotels.naver.com
- 부킹닷컴 booking.com
- 에어비앤비 www.airbnb.co.kr

여행 앱·웹 활용법

일본정부관광국

일본 여행에 관한 다양한 소식과 정보를 알려주는 공식 홈페이지. 이미 일본을 여행한 여행 선배들의 여행 스타일을 소개한다.

🏠 www.japan.travel/ko/kr

파파고
Papago

네이버가 개발한 AI 번역기. 한일, 일한 번역은 구글 번역보다 정확도가 높은 것으로 알려져 있다. 번역이 필요할 때 도움을 요청하자.

🏠 papago.naver.com

구글 지도
Google Maps

한국의 카카오맵, 네이버지도 역할을 하는 구글 지도는 일본 여행에서 없어선 안될 중요한 길잡이이다. 효율적인 이동 경로를 알려주기도 해 편리하다.

🏠 www.google.co.jp/maps

카카오택시 &우티

일본의 택시 배차 서비스인 고GO와 우버 택시Uber Taxi는 한국의 서비스와 연동되어 있어 별도로 애플리케이션을 다운 받을 필요 없이 이용 가능하다. 고는 카카오택시, 우버 택시는 우티UT와 연결되는데, 각 앱을 켜고 현 위치를 일본으로 잡는 순간 현지 서비스로 자동 전환된다. 우버 택시는 사전에 등록한 카드 결제와 현지 택시 기사를 통한 현금 결제가 가능하며, 카카오택시는 사전에 등록한 카드와 휴대폰 결제만 사용할 수 있다.

네이버페이 & 카카오페이

최근 일본에서도 간편 결제 서비스가 보편화 되고 있다. 이중 한국에서 많이 사용하는 네이버페이와 카카오페이는 일본 간편 결제 시스템과 연계하여 일본에서도 이용할 수 있게 되었는데, 네이버페이는 라인페이, 카카오페이는 알리페이와 연동된다. 해당 결제 수단이 사용 가능한지 확인하고 해외 결제로 바꾸어 이용하면 된다.

노리카에 안나이
Noprikae Annai-Japan Transit

일본 내비게이션 전문 업체 조르단Jorudan이 개발한 경로 안내 애플리케이션. 일본 전국의 전철, 지하철, 노면전차는 물론이고 비행기, 페리 등의 요금과 시간표를 알려준다.

일본 출입국 서류 작성

- **비짓 재팬 웹(Visit Japan Web) 서비스** 2022년 11월 14일부터 검역, 입국 심사, 세관 신고의 정보를 온라인을 통해 미리 등록하여 각 수속을 QR 코드로 대체하는 'Visit Japan Web' 서비스를 실시하고 있다. 입국 예정일 2주 이내에 웹사이트에서 계정을 만들고 정보를 등록하면 된다. 탑승편 도착 예정 시각 6시간 전까지 절차를 완료하지 않았다면 서비스를 이용할 수 없으므로, 최소 1주일 전에는 등록하는 것이 좋다. 일본 입국 당일 입국 수속 시 등록한 QR 코드를 제출하면 된다.

  🏠 www.vjw.digital.go.jp

- **비짓 재팬 웹 서비스를 이용할 수 없는 경우** 원활한 입국 심사를 위해서 출입국카드는 기내에서 미리 작성해두는 것이 좋다. 샘플을 참고하여 모든 칸을 빠짐없이 한자와 영문으로 기재한다. 뒷면의 기재사항을 역시 빠뜨리지 말고 꼼꼼하게 기재하도록 하자. 출입국카드와 함께 휴대품·별송품 신고서 또한 반드시 기재하여 세관 통과 시 제출하도록 한다.

❶ 탑승한 항공기 편명 또는 배의 선명
❷ 체류일 기입. 2박 3일의 경우 3DAYS
❸ 현지에서 체류할 호텔명과 전화번호

휴대품·별송품 신고서

세관 신고품이 없어도 반드시 작성한다. 일본어 또는 영어로만 적는다.

❶ 일본 도착 날짜
❷ 체류할 호텔명과 전화번호
❸ 가족 여행 시 대표자 외 동반 인원수
   (대표자 1인만 작성)
❹ 해당 사항에 체크

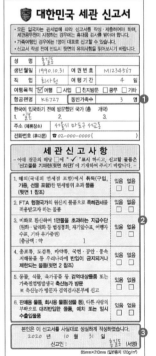

❶ 가족 여행 시 대표자 외 동반 인원수
   (대표자 1인만 작성)
❷ 해당 사항에 체크
❸ 귀국일, 신고인 이름과 서명 필수

긴급 상황 발생 시 필요한 정보

여행 중 갑작스러운 부상과 질병

부상을 입거나 병의 증세가 심해졌다면 긴급전화 119로 연락하여 구급차를 부르는 것이 좋다. 전화가 연결되면 우선 외국인임을 밝히고 위치와 증상을 차분히 설명한 다음 앰뷸런스를 부탁하면 된다. 일본은 긴급 상황에 대비하여 통역 서비스를 운영하므로 일본어를 못하더라도 안심하고 전화하자. 3개월 미만의 여행자에게는 의료보험이 적용되지 않으므로 병원비가 매우 비싸다. 이런 경우를 대비하여 여행 전 반드시 여행자 보험에 가입하는 것이 좋다.

여행자보험

사고나 질병으로 인해 병원 신세를 졌거나 도난으로 손해를 입었을 경우 가입내용에 따라 어느 정도 보상을 받을 수 있다. 보험사마다 종류와 보장 한도가 다르므로 꼼꼼히 확인해보고 결정하는 것이 좋다. 실제로 사건, 사고를 겪었다면 그 사실을 입증할 수 있는 서류는 기본적으로 준비해 두어야 한다. 병원에 다녀왔다면 의사 소견서와 영수증, 사고 증명서 등을 챙겨야 하고, 도난을 당했다면 경찰서를 방문하여 도난 신고서를 발급받아야 한다.

🏠 **마이뱅크** www.mibankins.com/travel
🏠 **삼성화재 다이렉트** direct.samsungfire.com
🏠 **현대해상 다이렉트** direct.hi.co.kr
🏠 **DB다이렉트** www.directdb.co.kr
🏠 **KB다이렉트** direct.kbinsure.co.kr

여권을 분실한 경우

① 가까운 경찰서(交番, 코오방)를 방문하여 여권 분실신고서 작성
② 주민등록증·운전면허증 등의 신분증, 귀국편 항공권 사본, 여권 분실신고서, 여권용 컬러 사진 1매, 여권 사본이나 여권 번호, 발행일자 등이 적힌 서류를 들고 한국영사관 방문
③ 수수료를 내고 여권 발급(긴급 단수여권 ¥6,360). 접수 후 발급까지 1~2일 소요

주 나고야 총영사관
📍 愛知県名古屋市中村区名駅南1-19-12
📞 (052)586-9221 🕐 월~금 08:45~12:00, 13:00~17:30

주 히로시마 총영사관
📍 広島県広島市南区翠5丁目9-17 📞 (082)505-2100~1
🕐 월~금 08:45~12:00, 13:00~17:30

주 시모노세키 명예총영사관
📍 山口県下関市東大和町2-13-10 📞 (083)266-8426
🕐 월~금 08:45~12:00, 13:00~17:30

신용카드를 분실한 경우

카드 분실을 알아챈 순간 바로 카드회사에 연락하여 분실신고를 해야 추가적인 피해를 예방할 수 있다. 자주 사용하는 신용카드의 긴급 연락처를 메모해 두고 긴급 상황에 대비하자.

영사콜센터

해외에서 사건, 사고 또는 긴급한 상황이 발생한 경우 외교부에서는 24시간 도움을 받을 수 있는 상담서비스를 제공한다. 구글 플레이스토어나 애플 앱스토어에서 '영사콜센터'를 검색하면 애플리케이션을 다운받을 수 있다. 현지인과 의사소통이 어렵다면 일본어 통역 서비스도 이용할 수 있으며, 소지품 분실, 도난 등 예상치 못한 사고로 현금이 필요할 경우 신속 해외 송금 제도도 실시한다. 이와 같은 서비스는 모두 영사콜센터를 통해 요청이 가능하다. 애플리케이션 외에도 카카오톡에서도 상담을 진행하므로 채널에서 '영사콜센터'를 친구 추가 후 채팅하기를 시작하면 된다.

영사콜센터의 통역 서비스 이용방법

+82-2-3210-0404 → 2번 외국어 통역 서비스 → 3번 일본어 통역(스피커폰을 이용한 3자 통역)

INDEX

방문할 계획이거나 들렀던 여행 스폿에 ✔표시해보세요.

INDEX

방문할 계획이거나 들렀던 여행 스폿에 ✔표시해보세요.

INDEX

방문할 계획이거나 들렀던 여행 스폿에 ☑표시해보세요.

〈리얼 일본 소도시〉 지역별 지도 QR코드

전체

시즈오카

나고야

게로

카나자와

토야마

타카야마

시라카와고

눈의 대계곡

시모노세키·키타규슈

나가사키

쿠마모토

미야자키

이부스키

타카마츠

나오시마·테시마·쇼도시마

마츠야마

카츠라하마

쿠라시키

미야지마

오노미치

히로시마

톳토리 사구